高等职业教育系列教材

数控机床系统连接与调试

主　编　魏彦波　文洪莉
副主编　张爱云　吴在菊
参　编　姚春玲　汤受鹏

U0379874

机械工业出版社

本书在编写过程中参考了国家职业标准《数控机床装调维修工》关于中级工及高级工对数控机床系统连接与调试的要求，内容选取符合企业数控机床系统连接与调试的技术要求；内容设置与企业数控机床装调需求对接，能满足企业对数控机床维护、维修的需求，实践操作性强；内容组织遵循由简单到复杂的思路，按照数控机床系统连接与调试认知规律，以项目教学模式为主导重组教学内容。本书结合信息化教学手段，配套微课视频、电子课件等教学资源，便于理论实践一体化教学的实施。

本书适用于高等职业院校机电设备维修与管理、数控技术、机电一体化技术、机械制造与自动化等专业的教学，同时也可以作为企业技术人员的学习参考资料。

本书配有授课电子课件、电子教案和微课等资源，需要的教师可登录机械工业出版社教育服务网 www.cmpedu.com 免费注册后下载，或联系编辑索取（微信：15910938545，电话：010-88379739）。

图书在版编目（CIP）数据

数控机床系统连接与调试/魏彦波，文洪莉主编．—北京：机械工业出版社，2020.4（2025.1 重印）
高等职业教育系列教材
ISBN 978-7-111-65330-1

Ⅰ．①数… Ⅱ．①魏… ②文… Ⅲ．①数控机床—连接技术—高等职业教育—教材 ②数控机床—调试—高等职业教育—教材 Ⅳ．①TG659

中国版本图书馆 CIP 数据核字（2020）第 061310 号

机械工业出版社（北京市百万庄大街 22 号 邮政编码 100037）
策划编辑：曹帅鹏 责任编辑：曹帅鹏 白文亭
责任校对：张 力 责任印制：单爱军
北京虎彩文化传播有限公司印刷
2025 年 1 月第 1 版 · 第 4 次印刷
184mm×260mm · 11.75 印张 · 289 千字
标准书号：ISBN 978-7-111-65330-1
定价：39.00 元

电话服务	网络服务
客服电话：010-88361066	机 工 官 网：www.cmpbook.com
010-88379833	机 工 官 博：weibo.com/cmp1952
010-68326294	金 书 网：www.golden-book.com
封底无防伪标均为盗版	机工教育服务网：www.cmpedu.com

出 版 说 明

《国家职业教育改革实施方案》（又称“职教20条”）指出：到2022年，职业院校教学条件基本达标，一大批普通本科高等学校向应用型转变，建设50所高水平高等职业学校和150个骨干专业（群）；建成覆盖大部分行业领域、具有国际先进水平的中国职业教育标准体系；从2019年开始，在职业院校、应用型本科高校启动“学历证书+若干职业技能等级证书”制度试点（即1+X证书制度试点）工作。在此背景下，机械工业出版社组织国内80余所职业院校（其中大部分院校入选“双高”计划）的院校领导和骨干教师展开专业和课程建设研讨，以适应新时代职业教育发展要求和教学需求为目标，规划并出版了“高等职业教育规划教材”系列。

该系列教材以岗位需求为导向，涵盖计算机、电子、自动化和机电等专业，由院校和企业合作开发，多由具有丰富教学经验和实践经验的“双师型”教师编写，并邀请专家审定大纲和审读书稿，致力于打造充分适应新时代职业教育教学模式、满足职业院校教学改革和专业建设需求、体现工学结合特点的精品化教材。

归纳起来，本系列教材具有以下特点：

1）充分体现规划性和系统性。系列教材由机械工业出版社发起，定期组织相关领域专家、院校领导、骨干教师和企业代表开展编委会年会和专业研讨会，在研究专业和课程建设的基础上，规划教材选题，审定教材大纲，组织人员编写，并经专家审核后出版。整个教材开发过程以质量为先，严谨高效，为建立高质量、高水平的专业教材体系奠定了基础。

2）工学结合，围绕学生职业技能设计教材内容和编写形式。基础课程教材在保持扎实理论基础的同时，增加实训、习题、知识拓展以及立体化配套资源；专业课程教材突出理论和实践相统一，注重以企业真实生产项目、典型工作任务、案例等为载体组织教学单元，采用项目导向、任务驱动等编写模式，强调实践性。

3）教材内容科学先进，教材编排展现力强。系列教材紧随技术和经济的发展而更新，及时将新知识、新技术、新工艺和新案例等引入教材；同时注重吸收最新的教学理念，并积极支持新专业的教材建设。教材编排注重图、文、表并茂，生动活泼，形式新颖；名称、名词、术语等均符合国家有关技术质量标准和规范。

4）注重立体化资源建设。系列教材针对部分课程特点，力求通过随书二维码等形式，将教学视频、仿真动画、案例拓展、习题试卷及解答等教学资源融入到教材中，使学生学习课上课下相结合，为高素质技能型人才的培养提供更多的教学手段。

由于我国高等职业教育改革和发展的速度很快，加之我们的水平和经验有限，因此在教材的编写和出版过程中难免出现疏漏。恳请使用本系列教材的师生及时向我们反馈相关信息，以利于我们今后不断提高教材的出版质量，为广大师生提供更多、更适用的教材。

机械工业出版社

前　言

为贯彻落实《国务院关于加快发展现代职业教育的决定》（国发〔2014〕19 号）和《国家职业教育改革实施方案》（国发〔2019〕4 号）文件精神，培养服务区域发展的高素质技术技能人才，重点服务企业特别是中小微企业的技术研发和产品升级，结合我国数控机床的应用和技术改造需求，特编写了本书。

本书是机械工业出版社组织出版的“高等职业教育系列教材”之一，也是数控机床装调、维修与升级改造系列教材之一，内容贴合学生认知规律，从设备操作实际出发，遵循“以能力培养为核心，以技能训练为主线”的编写思想，充分体现了内容的科学性、先进性、实用性和可操作性。

本书共 7 个项目：项目 1 为数控机床的认知；项目 2 为数控机床电气控制认知；项目 3 为 FANUC 数控机床硬件连接；项目 4 为数控机床的数据传输；项目 5 为 FANUC 数控机床回零、限位与急停控制；项目 6 为数控机床主轴系统的调试与维修；项目 7 为 FANUC 数控机床进给系统的调试与维修。

本书由山东商务职业学院魏彦波、文洪莉任主编，山东商务职业学院张爱云、烟台城乡建设学校吴在菊任副主编。参与本书编写的还有山东商务职业学院姚春玲、汤受鹏。具体分工：项目 1 由文洪莉、吴在菊编写；项目 2 由汤受鹏、姚春玲编写；项目 3、项目 4 由张爱云编写；项目 5~项目 7 由魏彦波编写。全书由魏彦波统稿。

本书在编写过程中还得到了北京 FANUC 有限公司相关技术工程师的大力支持，也得到了其他兄弟院校的大力帮助，在此一并表示衷心的感谢。

由于时间仓促，再加上编者水平有限，书中缺陷乃至错误在所难免，望广大读者批评、指正。

编　者

目　录

项目1 数控机床的认知

任务1.1　FANUC数控机床认知

【知识目标】

1. 了解数控机床产生、发展的基本知识。
2. 了解数控机床安全操作知识。
3. 熟悉数控机床维护与保养知识。

【能力目标】

1. 能够安全操作数控机床。
2. 能够按要求定期维护、保养数控机床。

1.1.1　数控机床认知

1. 数控技术

数控是数字控制（Numerical Control）的简称。数控技术是用数字化信息进行控制的自动控制技术，它是近代发展起来的，其含义是使用以数值和符号构成的数字信息自动控制机床的运转。

2. 数控机床

数字控制机床（Numerical Control Machine Tool），也称NC机床，是利用数控技术，准确地按照事先安排好的工艺流程实现加工动作的金属切削机床，如图1-1所示。

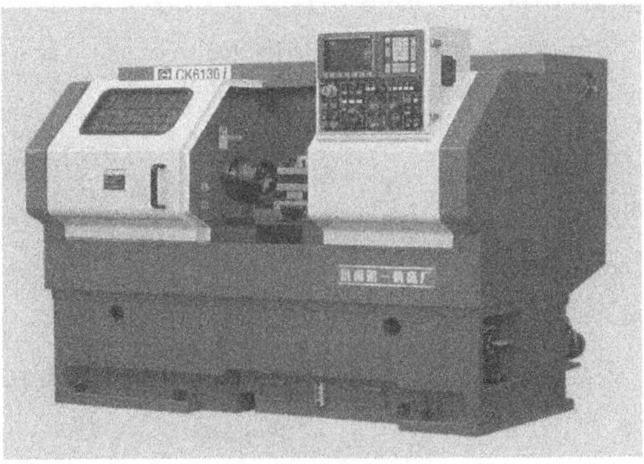

图1-1　数控机床

3. 数控机床的产生与发展

1948年，美国帕森斯公司（Parsons Corporation）在研制直升机螺旋桨叶片轮廓样板的加工设备（机床）时，由于样板形状复杂多样，精度要求高，一般加工设备难以适应，于是提出了应用计算机控制机床来加工样板曲线的设想。后来在美国空军的资助下，1949 年，帕森斯公司在麻省理工学院（MIT）伺服机构研究室的协助下开展了数控机床的研制工作，并于 1952 年研制出世界上第一台三坐标立式数控铣床。从此机床行业，乃至整个制造业和相关产业进入了一个新的发展阶段。

数控机床的产生和发展概括为五代两个阶段。

第一阶段为硬线数控阶段（1952 年～1970 年），第二阶段为计算机数控阶段（1970 年至今）。

第一代时间节点为 1952 年，出现了由电子管控制的第一台三坐标联动的铣床。

第二代时间节点为 1959 年，出现了晶体管控制的“加工中心”。

第三代时间节点为 1965 年，出现了小规模集成电路，使数控系统的可靠性得到了进一步的提高。

以上三代数控系统都是采用专用控制硬件逻辑的数控系统，称为普通数控系统，即 NC 系统。

第四代时间节点为 1967 年，以计算机作为控制单元的数控系统出现，称之为柔性制造系统（Flexible Manufacturing System，FMS）。

第五代时间节点为 1970 年，美国英特尔公司开发使用了微处理器，从此数控机床真正成为 CNC 系统。

4. 常见数控机床的种类

目前，数控机床的种类很多，通常可按下面三种方法进行分类。

（1）按运动方式分类

1）点位控制数控机床。点位控制系统是指数控系统只控制刀具或机床工作台从一点准确地移动到另一点，而点与点之间运动的轨迹不需要严格控制的系统。为了减少移动部件的运动与定位时间，一般先将移动部件快速移动到终点附件位置，然后再低速准确地移动到终点定位位置，以保证良好的定位精度。移动过程中刀具不进行切削。使用这类控制系统的数控机床称为点位控制数控机床，主要有数控坐标镗床、数控钻床和数控压力机等。图 1-2 所示是点位控制钻孔加工示意图。

2）轮廓控制数控机床。轮廓控制系统也称连续切削控制系统，是指数控系统能够对两个或两个以上的坐标轴同时进行严格连续控制的系统。它不仅能够控制移动部件从一个点准确地移动到另一点，而且还能控制整个加工过程中每一点的速度与位移量，将零件加工成一定的轮廓形状。使用这类控制系统的数控机床称为轮廓控制数控机床，主要有数控铣床、数控车床和加工中心等。图 1-3 所示是轮廓控制加工示意图。

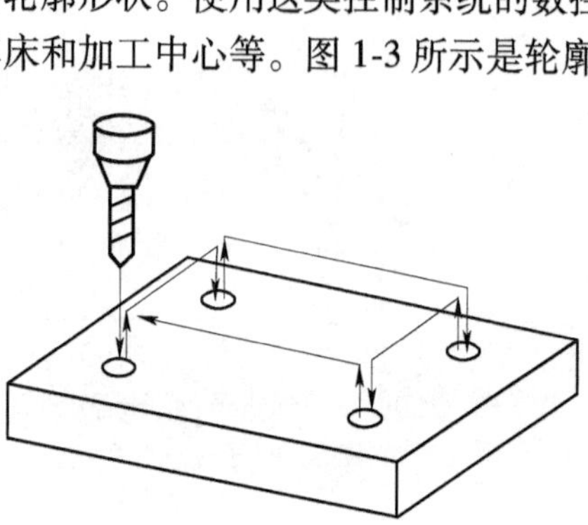

图 1-2　点位控制钻孔加工示意图

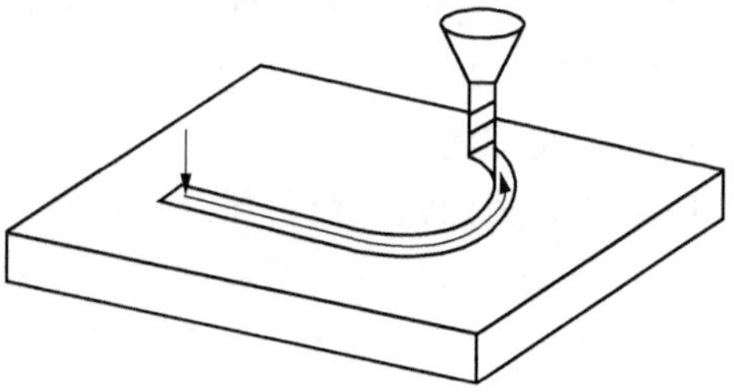

图 1-3　轮廓控制加工示意图

（2）按控制系统运动方式分类

1）开环数控机床。开环控制的系统框图如图 1-4 所示。这类数控机床采用开环进给伺服系统。其数控装置发出的指令信号是单向的，没有检测反馈装置对运动部件的实际位移量进行检测，不能进行运动误差的校正，因此步进电动机的步距角误差、齿轮和丝杠组成的传动链误差都将直接影响加工零件的精度。

这类机床具有结构简单、价格低廉及调试方便等优点，但通常输出的扭矩值大小受到限制，而且当输入的频率较高时，容易产生失步，难以实现运动部件的控制，因此已不能充分满足数控机床功率、运动速度和加工精度日益提高的控制要求。

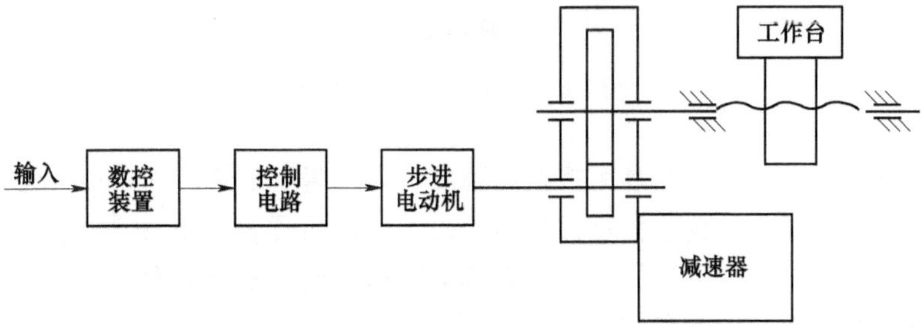

图 1-4 开环控制的系统框图

2）半闭环数控机床。半闭环控制的系统框图如图 1-5 所示。这类机床的检测元件装在驱动电动机或传动丝杠的端部，可间接测量执行部件的实际位置或位移。

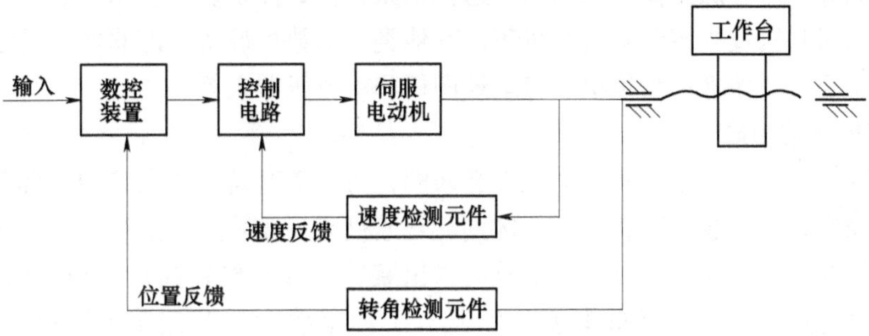

图 1-5 半闭环控制的系统框图

这种系统的闭环环路内不包括机械传动环节，控制系统的调试十分方便，因此可以获得稳定的控制特性。由于采用高分辨率的测量元件，如脉冲编码器，因此可以获得比较满意的精度与速度。半闭环数控机床可以获得比开环数控机床更高的精度，但由于机械传动链的误差无法得到消除或校正，因此它的位移精度比闭环系统的要低。大多数数控机床采用半闭环控制系统。

3）闭环数控机床。闭环控制的系统框图如图 1-6 所示。这类机床的位置检测装置安装在进给系统末端的执行部件上，该位置检测装置可实测进给系统的位移量或位置。数控装置将位移指令与工作台端测得的实际位置反馈信号进行比较，根据其差值不断控制运动，使运动部件严格按照实际需要的位移量运动。还可利用测速元器件随时测得驱动电动机的转速，将速度反馈信号与速度指令信号相比较，对驱动电动机的转速随时进行修正。这类机床的运动精度主要取决于检测装置的精度，与机械传动链的误差无关，因此可以消除由于传动部件制造过程中存在的精度误差给工件加工带来的影响。

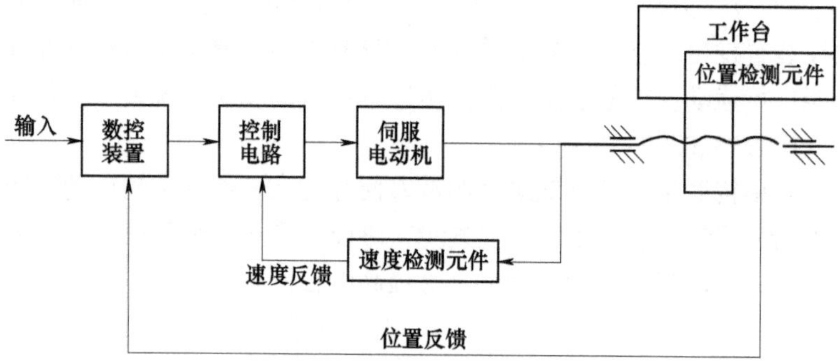

图 1-6　闭环控制的系统框图

相比于半开环数控机床，闭环数控机床精度更高，速度更快，驱动功率更大，但是，这类机床价格昂贵，对机床结构及传动链依然提出了严格的要求。传动链的刚度、间隙，导轨的低速运动特性，机床结构的抗振性等因素都会增加系统调试的难度。闭环系统设计和调整得不好，很容易造成系统的不稳定。

（3）按工艺用途分类

按工艺用途分类，数控机床可分为金属切削类数控机床，如数控钻床、数控车床、数控铣床、数控镗床及加工中心等；金属成形类数控机床，这类机床包括数控压床、数控压力机及数控弯管机等；特种加工类数控机床，这类机床包括数控线切割机床、数控电火花加工机床、数控火焰切割机及数控激光切割机等；其他类型的数控设备，即非加工设备采用数控技术，如自动装配机、多坐标测量机、自动绘图机和工业机器人等。

5. 数控机床的组成

数控机床是在普通机床的基础上发展起来的，与同类普通机床在结构上具有相似性，但在控制上数控机床与普通机床有一定的区别。普通机床一般采用模拟量控制，数控机床采用数字信号进行控制，因此需要有数字信号的发出装置（即数控装置）；既然有数字信号发出装置，就必须有数字信号的接收装置，因此有了伺服放大器及伺服电动机（称为伺服系统）；为了检测数控机床指令位置和实际位置的一致性，一般数控机床都装有反馈装置。数控机床的控制系统如图 1-7 所示。

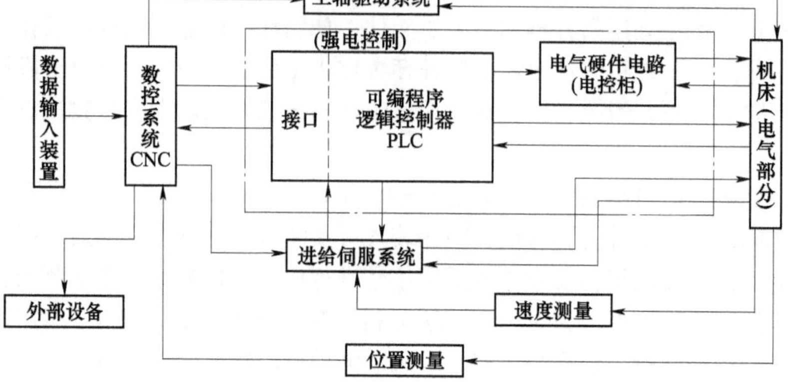

图 1-7　数控机床的控制系统

由于数控机床的控制系统比较复杂，因此发生故障时，难以确定故障发生的原因和部位，只有对数控机床的组成及各部分功能有较深入的了解才能快速又准确地做出故障判断。

数控机床一般由输入/输出设备、数控装置、伺服驱动系统、测量反馈装置和机械部件组成。数控机床的组成如图 1-8 所示。

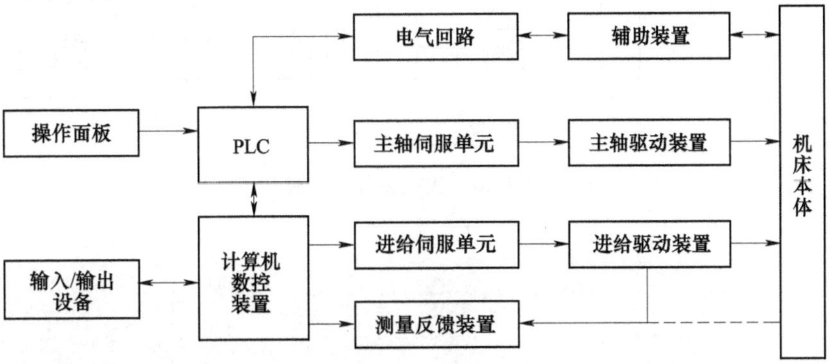

图 1-8 数控机床的组成示意图

（1）输入/输出设备

1）操作面板。是操作人员与数控装置进行信息交流的工具，主要由按钮、状态灯、按键阵列等组成，如图 1-9 所示。

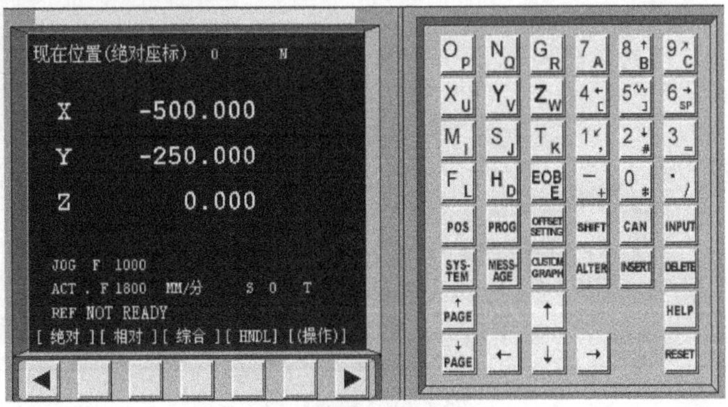

图 1-9 操作面板实物图

2）人机交互设备。数控机床在加工运行时，通常都需要操作人员对数控系统进行状态干预，对输入的加工程序进行编辑、修改和调试，同时，数控机床要将各部分的运行状态在显示装置上显示出来，也就是说，数控机床具有人机联系的功能。具有人机联系功能的设备统称为人机交互设备。常用的人机交互设备有键盘、显示器等。

（2）数控装置

数控装置（简称 CNC 装置）是数控机床的控制核心，主要由 CPU、存储器、数字伺服控制卡、主板（包括 I/O LINK、数字主轴、模拟主轴、通信接口、MDI 接口等）、显示控制卡以及相应的控制软件等组成，如图 1-10 所示。

数控装置的作用是根据输入的零件加工程序进行相应的运算、处理（如运动轨迹处理、机床输入/输出处理等），然后输出控制命令到相应的执行部件（如伺服单元、驱动装置和 PLC 等），如图 1-11 所示。

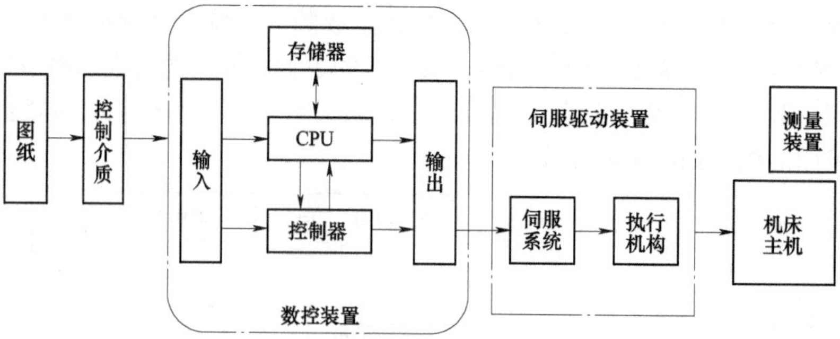

图 1-10　数控装置的构成

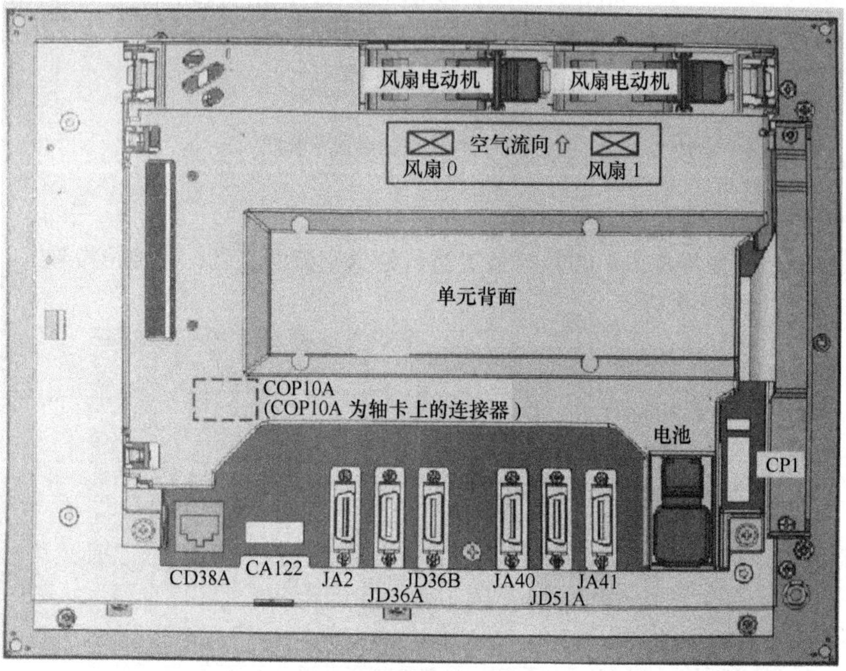

图 1-11　数控装置

（3）伺服驱动系统

伺服驱动系统由控制单元、测量反馈单元和驱动执行单元组成，如图 1-12 所示。伺服驱动系统的作用是把来自数控装置的位置控制移动指令转变成机床工作部件的运动，使工作台按规定轨迹移动或精确定位，从而加工出符合图样要求的工件。简言之，伺服驱动系统的作用就是把数控装置送来的微弱指令信号，放大成能驱动伺服电动机的大功率信号。

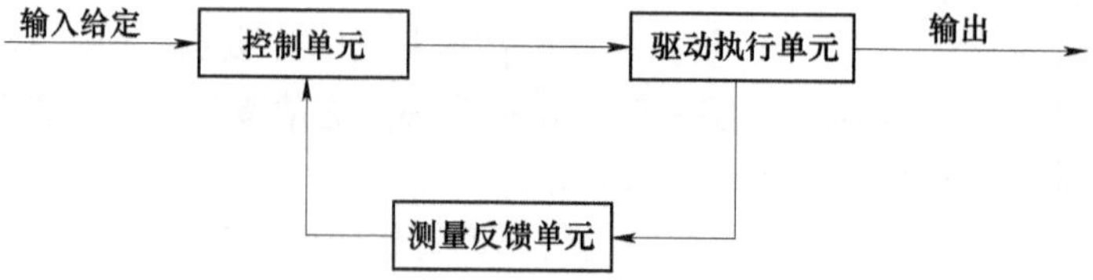

图 1-12　伺服驱动系统

常用的伺服电动机有步进电动机、直流伺服电动机和交流伺服电动机等。步进电动机采用脉冲驱动方式，交、直流伺服电动机采用模拟式驱动方式。

（4）PLC、机床 I/O 电路和装置

它们是数控机床的一些配套部件，包括液压装置、气动装置、冷却系统、润滑系统和自动清屑器等。

1.1.2 数控机床安全操作

数控机床
开机关机

1）进入数控实习现场后，应服从安排，听从指挥，不得擅自起动或操作数控系统及机床，工作时请穿好工作服、安全鞋，工作服要扎好袖口，戴好工作帽及防护镜，头发过长应卷入工作帽中，不允许戴手套操作机床。

2）在实习现场不得嬉戏、打闹，不得进行任何与实习无关的活动，以保证实习正常、有序地进行。

3）使用数控机床前，应仔细查看机床各部分机构是否完好，认真检查数控系统及各电器附件的插头、插座是否连接可靠。检查机床各手柄位置是否正常，并在工作前慢车起动，空转数分钟，观察机床是否有异常。

4）数控机床开机后首先进行回参考点操作，回参考点前应先观察刀架是否已经在参考点附近，若已在参考点附近，应该将刀架向参考点相反的方向移动一段距离，避免回参考点超程报警。

5）操作数控系统前，应检查散热风扇是否运转正常，以保证良好的散热效果。

6）操作数控系统时，对按键及开关的操作不得太用力，以防止损坏。自动转位刀架未回转到位时，不得用外力强行定位，以防止损坏内部结构。

7）安装工件时要放正夹紧，安装完毕应取出卡盘扳手。装卸大工件时要用木板保护床面。

8）刀具的安装要垫好、放正、夹牢，装卸完刀具要锁紧刀架，并检查限位。

9）数控机床的加工程序必须经指导教师认可后方可使用，以防止编程错误所引起的事故。

10）开车后，不能随意改变主轴转速；不能打开机床防护门；不能度量尺寸和触摸工件，切削加工时要精力集中，并要防止各部件的碰撞。

11）数控机床的加工虽属自动进行，但不属无人加工性质，仍然需要操纵者监控，不允许随意离开岗位。

12）若发生事故，应立即按下急停按钮并关闭电源，保护现场，及时报告以便分析原因，总结教训。

13）若属违反操作规程所引起的事故，当事人必须按实际维修费用做出赔偿。

14）下班时，除关机外，应认真做好保养工作，擦净机床并加油润滑，清理现场，关闭电源。

1.1.3 数控机床维护

做好数控机床的日常维护和保养，降低数控机床的故障率，将能充分发挥数控机床的功效。一般情况下，数控机床的日常维护和保养是由操作人员来进行的。每台数控机床经过长时间使用后都会出现零部件的损坏，但是及时开展有效的预防性维护，可以延长元器件的工作寿命、机械部件的磨损周期和机床的工作时间。具体维护保养要求在数控机床说明书中有明确规定。

1. 每日检查要点

（1）接通电源前的检查

1）检查机床的防护门、电柜门是否关闭。

2）检查工具、量具等是否已准备好。

3）检查切削槽内的切屑是否已清理干净。

4）检查冷却液、液压油、润滑油的油量是否充足。

5）检查所选择的液压卡盘的夹持方向是否正确。

（2）接通电源后检查

1）检查显示屏上是否有报警显示，若有问题应及时予以处理。

2）检查操作面板上的指示灯是否正常，各按钮、开关是否处于正确位置。

3）检查液压装置的压力表指示是否在所要求的范围内。

4）检查各控制箱的冷却风扇是否正常运转。

5）检查刀具是否正确夹紧在刀架上，回转刀架是否可靠夹紧，刀具是否有损伤。

6）若机床带有导套、夹簧，应确认其调整是否合适。

（3）机床运转后的检查

1）检查有无异常现象。

2）运转中，检查主轴、滑板处是否有异常噪声。

2. 月检查要点

1）检查主轴的运转情况。主轴以最高转速一半左右的转速旋转 30min，用手触摸壳体部分，若感觉温和即为正常。

2）检查 X、Z 轴行程限位开关、各急停开关动作是否正常。可用手按压行程开关的滑动轮，若有超程报警显示，说明限位开关正常。同时清洁各接近开关。

3）检查 X、Z 轴的滚珠丝杠。若有污垢，应清理干净，若表面干燥，应涂润滑脂。

4）检查回转刀架的润滑状态是否良好。

5）检查导套装置。

① 检查导套内孔状况，看是否有裂纹、毛刺。若有问题，予以修整。

② 检查并清理导套前面盖帽内的切屑。

6）检查并清理冷却槽内的切屑。

7）检查润滑装置，包括下面的内容。

① 检查润滑油管路是否损坏，管接头是否有松动、漏油现象。

② 检查润滑泵的排油量是否符合要求。

8）检查液压装置，包括下面的内容。

① 检查液压管路是否有损坏，各管接头是否有松动或漏油现象。

② 检查压力表的工作状态。通过调整液压泵的压力，检查压力表的指针是否工作正常。

3. 六个月检查要点

1）检查主轴。

① 检查主轴孔的振摆。将千分表探头伸入卡盘套筒的内壁，然后轻轻地将主轴旋转一周，指针的摆动量小于出厂时精度检查表的允许值即可。

② 检查编码盘用同步皮带的张力及磨损情况。

③ 检查主轴传动皮带的张力及磨损情况。

2）检查刀架。主要看换刀时其换位动作的连贯性，以刀架夹紧、松开时无冲击为好。

3）检查各插头、插座、电缆、各继电器的触点是否接触良好；检查各印制电路板是否干净；检查主电源变压器、各电机的绝缘电阻（应在 1MΩ 以上）。

4）检查润滑泵装置浮子开关的动作状况。可用润滑泵装置抽出润滑油，看浮子落至警戒线以下时，是否有报警指示以判断浮子开关的好坏。

5）检查导套装置。用手沿轴向拉导套，检查其间隙是否过大。

6）检查断电后保存机床参数、工作程序用后备电池的电压值，视情况予以更换。

4. 数控系统的日常维护

（1）机床电气柜的散热通风

通常在电柜门上安装热交换器或轴流风扇，能对电控柜的内外空气进行循环，促使电控柜内的发热装置或元器件，如驱动装置等进行散热。应定期检查控制柜上的热交换器或轴流风扇的工作状况，检查风道是否堵塞，若堵塞则会引起柜内温度过高而使系统不能可靠运行，甚至引起过热报警。

（2）尽量少开电气控制柜门

加工车间飘浮的灰尘、油雾和金属粉末落在电气柜上容易造成元器件间绝缘电阻下降，从而出现故障。因此，除了定期维护和维修外，平时应尽量少开电气控制柜门。

（3）支持电池的定期更换

数控系统存储参数用的存储器采用 CMOS 器件，其存储的内容在数控系统断电期间靠支持电池供电保持。在一般情况下，即使电池尚未消耗完，也应每年更换一次，以确保系统能正常工作。电池的更换应在 CNC 系统通电状态下进行。

（4）备用印制电路板的定期通电

对于已经购置的备用印制电路板，应定期装到 CNC 系统上通电运行。实践证明，印制电路板长期不用易出故障。

（5）数控系统长期不用时的保养

数控系统处于长期闲置的情况下，应经常给系统通电，在机床锁住不动的情况下，让系统空运行。给系统通电是因为可利用电气元件本身的发热来驱散电气柜内的潮气，保证电气元件性能的稳定可靠。实践证明，在空气湿度较大的地区，这是降低故障的一个有效措施。

课堂训练

1. 认知数控维修实验台的各个组成部分，熟悉其功能。

2. 根据数控机床控制系统运动方式的分类，分析数控维修实验台是属于半闭环控制、全闭环控制还是开环控制。

课后练习

1. 归纳总结机床的产生发展史。

2. 熟悉数控系统维护的要点。
3. 总结半闭环、全闭环、开环控制的特点。

任务 1.2　数控系统认知及面板操作

【知识目标】

1. 了解常见数控系统的基本知识。
2. 掌握机床面板各操作按钮的功能。

【能力目标】

1. 正确使用数控机床操作面板的各功能按钮。
2. 能熟悉各类数控车床面板。

1.2.1　常见数控系统认知

目前工厂常用的数控系统有 FANUC（发那科）数控系统、SIEMENS（西门子）数控系统、华中数控系统、广州数控数控系统、三菱数控系统等。每一种数控系统又有多种型号，如 FANUC 系统从 0i 到 23i、SIEMENS 系统从 802S、802C 到 802D、810D、840D 等。各种数控系统指令也各不相同，即使同一系统不同型号其指令也略有差别，使用时以系统说明书为准，本书以 FANUC 0i 系统为例进行介绍。

1.2.2　数控面板认知

数控车床的类型和数控系统的种类很多，各生产厂家设计的操作面板也不尽相同，但操作面板中各种旋钮、按钮和键盘上键的基本功能与使用方法基本相同。本节以 FANUC 0i 系统为例，介绍数控车床的面板及其操作说明。FANUC 0i 系统的数控面板分为系统面板和操作面板两部分，系统面板如图 1-13 所示。

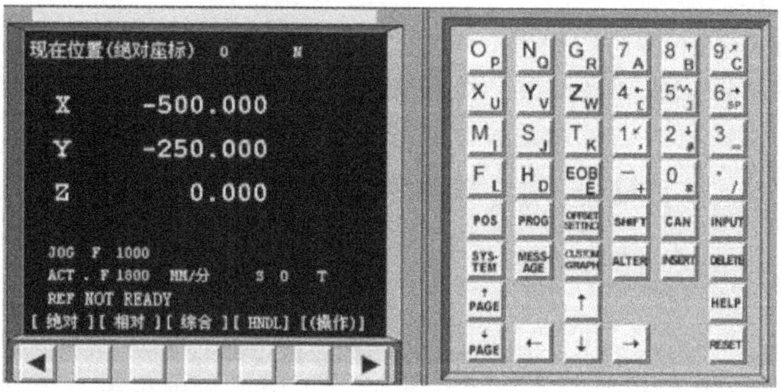

图 1-13　FANUC 0i 的系统面板

1. FANUC 0i 的系统面板认知

系统面板包括 CRT 界面（左半部分）和键盘（右半部分）两部分，键盘用于程序编辑、参数输入等功能，主要键的功能见表 1-1。

表 1-1 FANUC 0i 的系统面板键盘操作说明

软键	功 能
	实现左侧 CRT 中显示内容的向上、向下翻页
	移动 CRT 中的光标位置
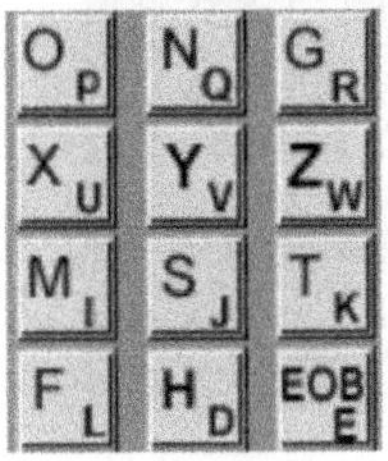	实现字符的输入。按 SHIFT 键后再按字符键，将输入右下角的字符。例如：按 O 键将在 CRT 的光标所处位置输入字符“O”，按 SHIFT 键后再按 O 键，将在光标所处位置处输入字符“P”；按 EOB 键将输入“；”号，表示换行结束
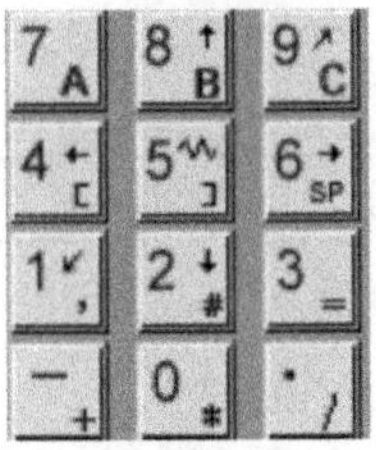	实现字符的输入。例如：按 5 键，将在光标所在位置输入字符“5”，按 SHIFT 键后再按 5 键，将在光标所在位置处输入字符“］”
POS	在 CRT 中显示坐标值
PROG	CRT 将进入程序编辑和显示界面
OFFSET SETTING	CRT 将进入参数补偿显示界面
CUSTOM GRAPH	在自动运行状态下将数控显示切换至轨迹模式
CAN	删除单个字符
INPUT	将数据域中的数据输入到指定的区域
ALTER	字符替换
INSERT	将输入域中的内容输入到指定区域
DELETE	删除一段字符
RESET	机床复位

2. FANUC 0i 的操作面板认知

FANUC 0i 的操作面板如图 1-14 所示，按钮说明见表 1-2。

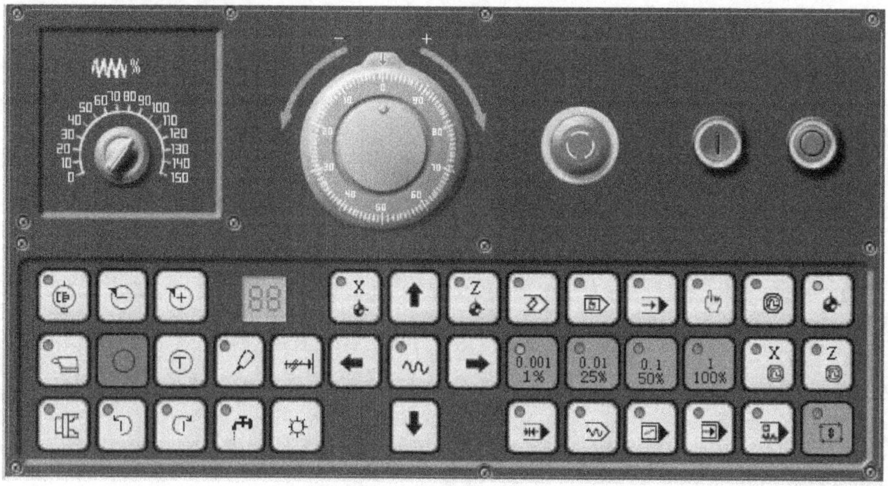

图 1-14　FANUC 0i 的操作面板

表 1-2　FANUC 0i 的操作面板按钮说明

按钮	名称	功 能 说 明
	自动运行	此按钮被按下后，系统进入自动加工模式
	编辑	此按钮被按下后，系统进入程序编辑状态，用于直接通过操作面板输入数控程序和编辑程序
	MDI	此按钮被按下后，系统进入 MDI（多文档界面）模式，手动输入并执行指令
	远程执行	此按钮被按下后，系统进入远程执行模式即 DNC（分布式数控）模式，输入/输出资料
	单节	此按钮被按下后，运行程序时每次执行一条数控指令
	单节忽略	此按钮被按下后，数控程序中的注释符号“/”有效
	选择性停止	当此按钮按下后，“M01”代码有效
	机械锁定	锁定机床
	试运行	机床进入空运行状态
	进给保持	在程序运行过程中，按下此按钮，程序运行暂停，按“循环启动”  恢复运行

（续）

按钮	名称	功能说明
	循环启动	程序运行开始。系统处于“自动运行”或“MDI”位置时按下有效，其余模式下使用无效
	循环停止	在程序运行过程中，按下此按钮停止程序运行
	回原点	机床处于回零模式，机床必须首先执行回零操作，然后才可以运行
	手动	机床处于手动模式，可以手动连续移动
	手动脉冲	机床处于快速手动控制模式
	手动脉冲	机床处于手轮控制模式
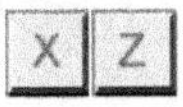	*X*、*Z* 轴选择按钮	在手动状态下，若按下该按钮则机床分别移动 *X*、*Z* 轴
	正方向移动按钮	在手动状态下，按下该按钮系统将向所选轴正向移动。在回零状态时，按下该按钮将所选轴回零
	负方向移动按钮	在手动状态下，按下该按钮系统将向所选轴负向移动
	快速按钮	若按下该按钮，则机床处于手动快速状态
	主轴倍率选择旋钮	将光标移至此旋钮上后，通过单击鼠标的左键或右键来调节主轴旋转倍率
	进给倍率	调节主轴运行时的进给速度倍率
	急停按钮	按下急停按钮，可使机床移动立即停止，并且所有的输出，如主轴的转动等都会关闭
	超程释放	系统超程释放
	主轴控制按钮	从左至右分别为正转、停止、反转
	手轮显示按钮	若按下此按钮，则可以显示出手轮面板

（续）

按钮	名称	功 能 说 明
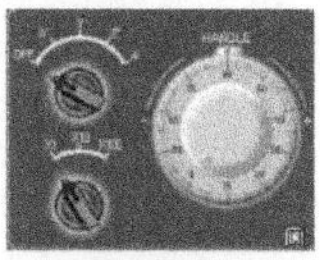	手轮面板	按下按钮将显示手轮面板
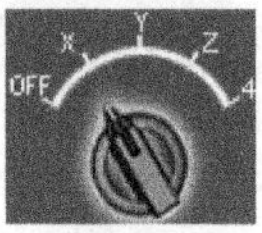	手轮轴选择旋钮	选择各进给轴
	手轮进给倍率旋钮	调节手轮步长。X1、X10、X100 分别代表移动量为 0.001mm、0.01mm、0.1mm
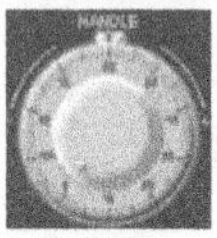	手轮	将光标移至此旋钮上后，通过单击鼠标的左键或右键来转动手轮
	启动	启动控制系统
	关闭	关闭控制系统

1.2.3 操作界面认知

1. 机床位置界面认知

按键进入坐标位置界面。按菜单软键［绝对］、菜单软键［相对］，对应 CRT 界面将对应相对坐标（图 1-15）和绝对坐标（图 1-16）。

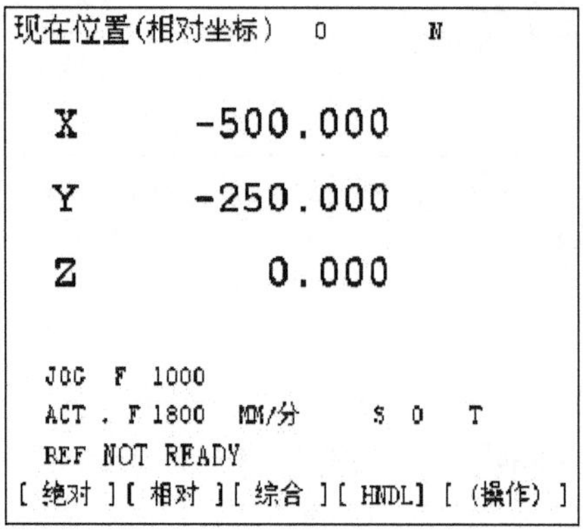
现在位置(相对坐标) O N
X -500.000
Y -250.000
Z 0.000
JOG F 1000
ACT . F 1800 MM/分 S 0 T
REF NOT READY
[绝对] [相对] [综合] [HNDL] [(操作)]

图 1-15　相对坐标界面

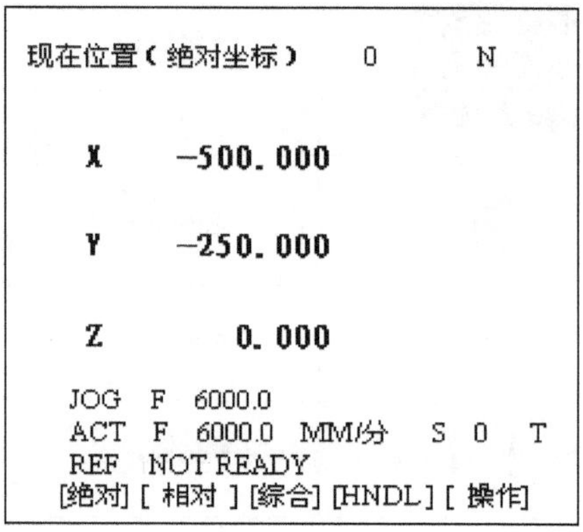
现在位置(绝对坐标) O N
X -500.000
Y -250.000
Z 0.000
JOG F 6000.0
ACT F 6000.0 MM/分 S 0 T
REF NOT READY
[绝对] [相对] [综合] [HNDL] [操作]

图 1-16　绝对坐标界面

2. 程序管理界面认知

按键进入程序管理界面，按菜单软键［LIB］，将列出系统中所有的程序，在所列出的程序列表中选择某一程序名，按键将显示该程序，如图 1-17 所示。

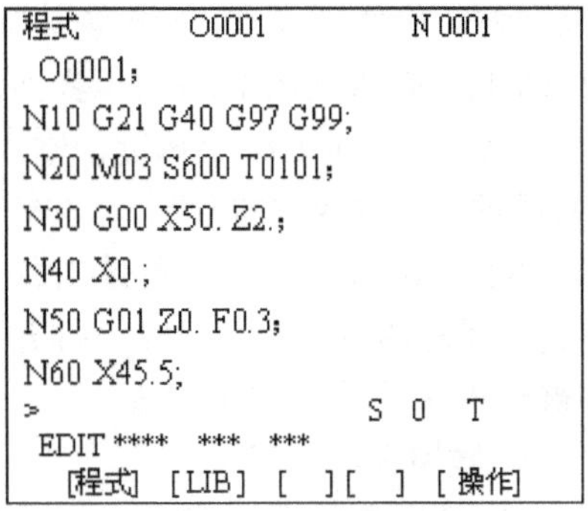

程式 O0001 N 0001
O0001;
N10 G21 G40 G97 G99;
N20 M03 S600 T0101;
N30 G00 X50. Z2.;
N40 X0.;
N50 G01 Z0. F0.3;
N60 X45.5;
> S 0 T
EDIT **** *** ***
[程式] [LIB] [ ] [ ] [操作]

图 1-17 显示当前程序

3. 车床刀具补偿参数设置界面认知

车床的刀具补偿包括刀具的磨损量补偿参数和形状补偿参数，两者之和构成车刀偏置量补偿参数。

刀具使用一段时间后因磨损会使所生产的产品尺寸产生误差，或者在加工时需为精加工留出余量，因此需要对刀具设定磨损量补偿。在键盘上按键，进入磨耗补偿参数设定界面，如图 1-18 所示。按方位键↑↓选择所需的番号，按←→确定所需补偿的值。按数字键，输入补偿值到输入域。按菜单软键［输入］或键，将参数输入到指定区域。

在键盘上按键，进入形状补偿参数设定界面，如图 1-19 所示。这通常用于对刀或刀具半径补偿，参数输入方法同刀具磨损补偿参数，*R* 为刀尖半径，T 为刀具方位号。

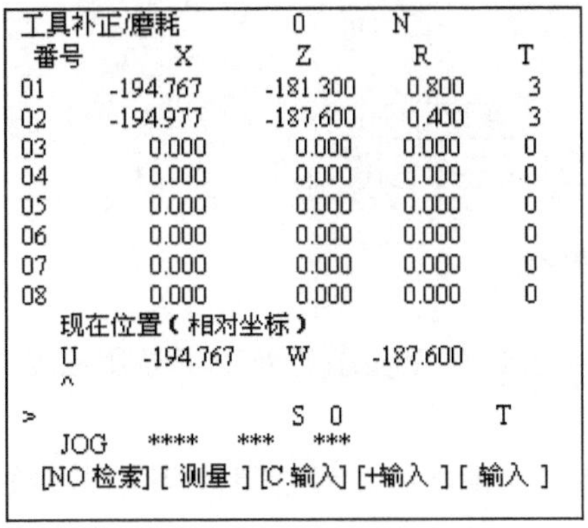

工具补正/磨耗 0 N

番号	X	Z	R	T
01	-194.767	-181.300	0.800	3
02	-194.977	-187.600	0.400	3
03	0.000	0.000	0.000	0
04	0.000	0.000	0.000	0
05	0.000	0.000	0.000	0
06	0.000	0.000	0.000	0
07	0.000	0.000	0.000	0
08	0.000	0.000	0.000	0

现在位置（相对坐标）
U -194.767 W -187.600
^
> S 0 T
JOG **** *** ***
[NO 检索] [测量] [C.输入] [+输入] [输入]

图 1-18 刀具磨损补偿界面

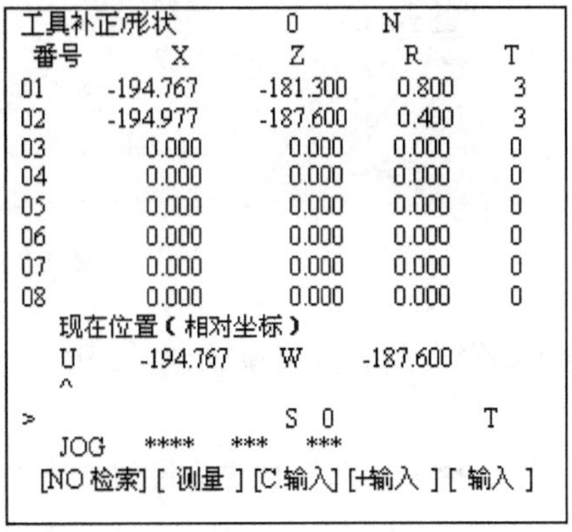

工具补正/形状 0 N

番号	X	Z	R	T
01	-194.767	-181.300	0.800	3
02	-194.977	-187.600	0.400	3
03	0.000	0.000	0.000	0
04	0.000	0.000	0.000	0
05	0.000	0.000	0.000	0
06	0.000	0.000	0.000	0
07	0.000	0.000	0.000	0
08	0.000	0.000	0.000	0

现在位置（相对坐标）
U -194.767 W -187.600
^
> S 0 T
JOG **** *** ***
[NO 检索] [测量] [C.输入] [+输入] [输入]

图 1-19 形状补偿界面

1.2.4 数控程序处理

数控程序编制有两种方式，可以直接用手工编程方式，也可通过导入数控程序的方式。

1. 手工编程

按下操作面板上的编辑键，进入编辑状态。按键盘上的键转入编辑页面。键盘输入“Ox”（x 为程序号，不能与已有程序号重复），按键，CRT 界面上将显示一个空程序，可以通过键盘输入一段代码，按键则数据输入域中的内容将显示在 CRT 界面上，用回车换行键结束一行的输入后换行。

2. 导入数控程序

将数控程序用记事本输入并保存为文本格式（＊.txt 格式）文件。按下操作面板上的编辑键进入编辑状态。按键盘上的键，CRT 界面转入编辑页面。再按菜单软键［操作］，在出现的下级子菜单中按软键▶，再按菜单软键［READ］，转入如图1-20所示界面。

按键盘上的数字/字母键，输入“O××××”（××××为任意不超过四位的数字），按软键［EXEC］；按菜单“机床/DNC传送”，在弹出的对话框（图1-21）中选择所需的NC程序，按“打开”确认，则数控程序被导入并显示在CRT界面上。

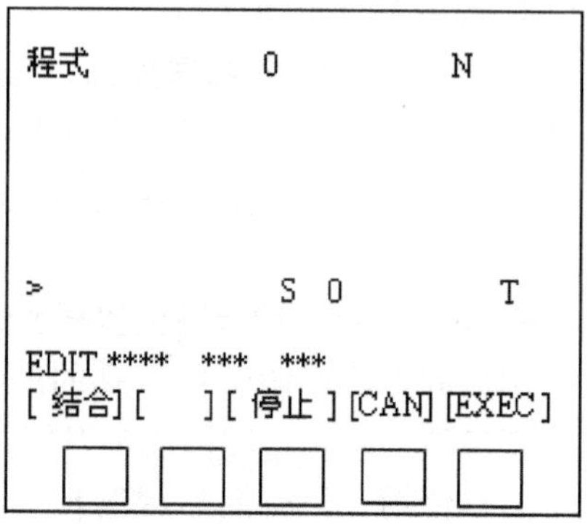

图1-20 导入程序界面

3. 数控程序管理

1）显示数控程序目录。经过导入数控程序操作后，按下操作面板上的编辑键，编辑状态指示灯变亮，此时已进入编辑状态。按键盘上的PROG键，CRT界面转入编辑页面。按菜单软键［LIB］，经过DNC传送的数控程序名列表将显示在CRT界面上。

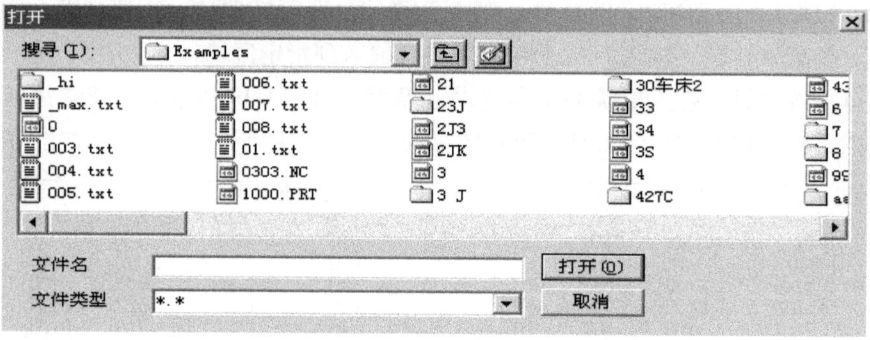

图1-21 程序导入选择界面

2）选择一个数控程序。经过导入数控程序操作后，按键盘上的PROG键，CRT界面转入编辑页面。使用键盘输入“Ox”（x为数控程序目录中显示的程序号），按↓键开始搜索，搜索到后“Ox”将显示在屏幕首行程序号位置，NC程序将显示在屏幕上。

3）删除一个数控程序。按下操作面板上的编辑键进入编辑状态。键盘输入“O××××”（××××为要删除的数控程序在目录中显示的程序号），按DELETE键，程序即被删除。

4）删除全部数控程序。按下操作面板上的编辑键进入编辑状态。按键盘上的PROG键，CRT界面转入编辑页面。键盘输入“O-9999”，按DELETE键，全部数控程序即被删除。

5）保存程序。按下操作面板上的编辑键进入编辑状态。按菜单软键［操作］，在下级子菜单中按菜单软键［Punch］，在弹出的对话框中输入文件名，选择文件类型和保存路径，按“保存”按钮。

1.2.5 SIEMENS系统面板认知

1. SIEMENS 810D标准车床系统面板

SIEMENS 810D系统的数控面板分为系统面板和操作面板两部分。

系统面板包括CRT界面（上半部分）和键盘（下半部分）两部分，如图1-22所示。键盘用于程序编辑、参数输入等功能，主要键的功能见表 1-3。

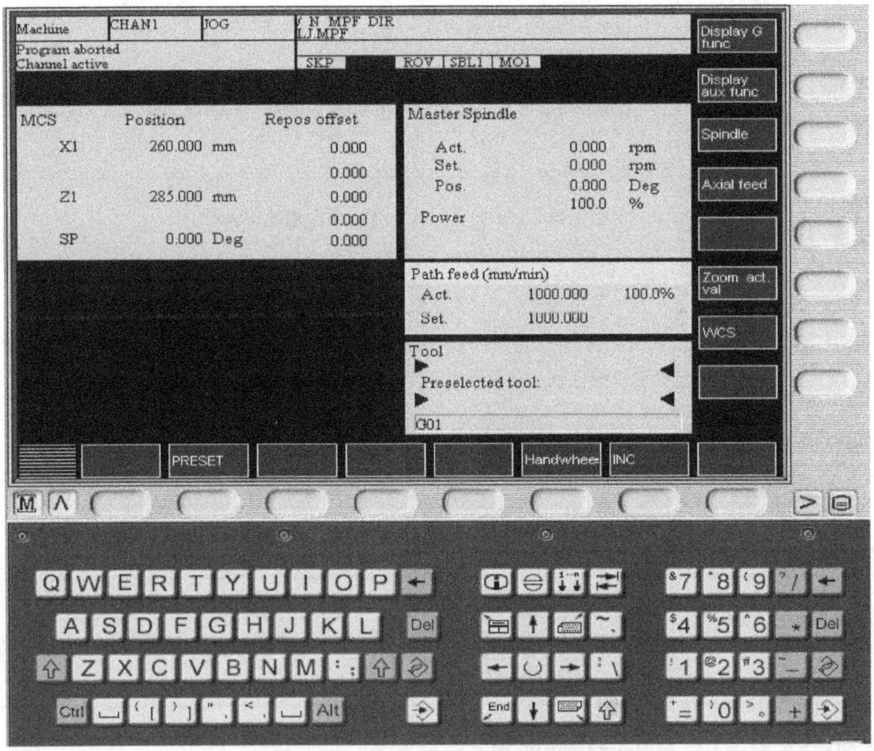

图 1-22　SIEMENS 810D 系统面板

表 1-3　SIEMENS 810D 系统面板键盘操作说明

按钮	名称	功　能
	机床区域键	按此键，进入机床操作区域
	返回键	关闭当前窗口，返回上级菜单
	扩展键	同一个菜单级，软键菜单扩展
	区域转换键	按此键，可从任何操作区域返回到主菜单，以选择操作区域
	上档键	对键上的两种功能进行转换。若使用上档键，则当按下字符键时，该键上行的字符（除了光标键）就被输出
	报警确认键	—
	帮助键	（本软件中无此功能）
	窗口选择键	当屏幕上显示多个窗口时，使用该键可以激活下一个窗口（边框发亮），键盘输入只能在激活窗口内进行

（续）

按钮	名称	功　能
	翻页键	用此键可以逐页快速查看激活窗口内的信息
	删除键	自右向左删除字符
	空格键	—
	选择键、锁定键、激活键	一般用于单选、多选框
	编辑键、取消键（Undo）	—
	行末键	使光标快速到行末（编辑器中）
	输入键、回车键	1）接受一个编辑值。 2）打开、关闭一个文件目录。 3）打开文件

2. SIEMENS 810D 标准车床操作面板

SIEMENS 810D 的操作面板如图 1-23 所示，按钮说明见表 1-4。

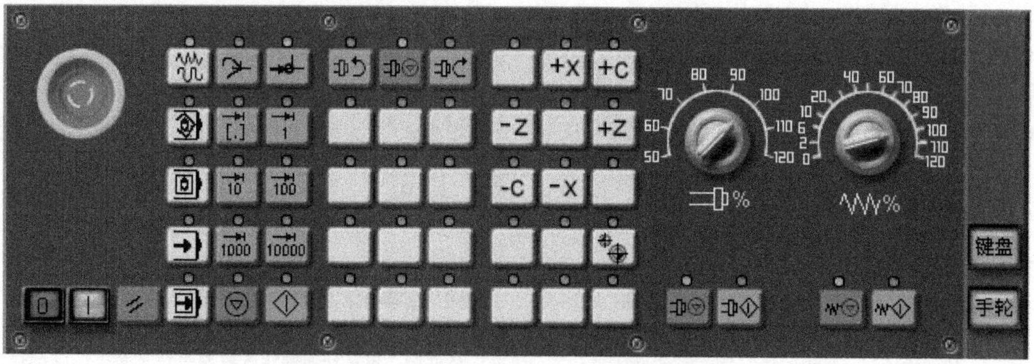

图 1-23　SIEMENS 810D 操作面板

表 1-4　SIEMENS 810D 操作面板键盘操作说明

按钮	名称	功 能 简 介
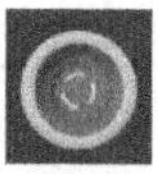	紧急停止	紧急状态下（如危及人身、危及机床、刀具、工件时）按下此按钮，驱动系统断电，各类动作停止
	手动操作方式（JOG）	用于手动控制机床动作

（续）

按钮	名称	功 能 简 介
	示教方式	—
	半自动运行操作方式（MDA）	通过一个或数个程序段控制机床动作
	自动运行操作方式（AUTO）	通过程序的自动运行来控制机床动作
	电源开	打开机床电源
	电源关	关闭机床电源
	复位	按下此键，取消当前程序的运行；监视功能信息被清除（除了报警信号，电源开关、启动和报警确认）；通道转向复位状态
	单段	当此按钮被按下，运行程序时每次执行一条数控指令
	断电返回	JOG 方式下，重新返回（定位）到程序中断处
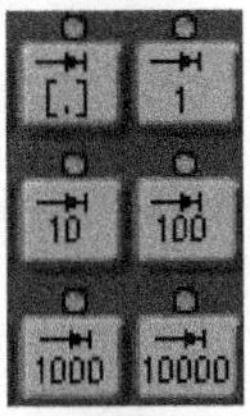	增量进给	—
	循环保持	在程序运行过程中，按下此按钮运行暂停。按恢复运行
	运行开始	程序运行开始
	主轴正转	按下此按钮，主轴开始正转
	主轴停止	按下此按钮，主轴停止转动
	主轴反转	按下此按钮，主轴开始反转

（续）

按钮	名称	功能简介
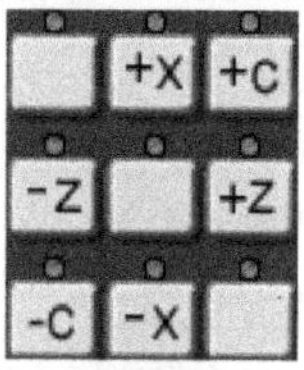	移动按钮	—
	返回参考点	在 JOG 方式下，机床必须首先执行返回参考点操作，然后才可以运行
	WCS/MCS 切换	切换工件坐标系和机床坐标系
	锁住主轴	当此按钮被按下时，主轴不能转动
	松开主轴	当此按钮被按下时，允许主轴转动
	进给锁定	当此按钮被按下时，机床被锁定，不可以移动
	进给允许	当此按钮被按下时，机床可以移动
	主轴倍率	调节主轴倍率，调节范围为 50%~120%
	进给倍率	调节数控程序自动运行时的进给速度倍率，调节范围为 0~120%

课堂训练

1. 操作数控机床，熟悉数控系统面板和操作面板。
2. 认知数控机床各个部件，归纳其功能和作用。

课后练习

1. 通过网络资料学习数控机床的产生、发展及现状。
2. 总结数控机床的组成和各个部分的作用。

项目2 数控机床电气控制认知

任务 2.1 数控机床常用电气元件认知

【知识目标】

1. 了解常用电气元件的结构、工作原理及选择。
2. 掌握常用电气元件的接线方法。
3. 掌握常用电气元件的常见故障及修理方法。
4. 掌握线路的故障分析及检测、排除方法。

【能力目标】

1. 电气元件的拆装。
2. 电气元件常见故障的检测。
3. 三相异步电动机正/反转线路的安装。
4. 线路的故障检测及排除。

2.1.1 数控机床常用电源装置

1. 机床变压器

数控机床需要各种电源，可通过电源配制提供给数控机床各种电源，以满足不同负载的要求。常用变压器有单相变压器和三相变压器两种，适用频率为 50~60Hz，电压不大于 500V 的电路中。单相变压器常用作机床控制电路或局部照明及指示灯的电源用，三相变压器主要是给伺服驱动装置提供动力电，如图 2-1 所示。

（1）伺服变压器

由于伺服驱动单元工作需要主电源和辅助电源，而主电源的要求不一定是三相 380V，不同的伺服可能需要不同的电源，但是电网提供的电源电压是 3~380V，所以大多数控机床都安装有伺服变压器。有的数控机床电气柜里安装了不止一台变压器，而是安装了两台或三台，那是根据功率而定的。有的伺服变压器内部还埋有 PTC 元件，当变压器温度高到一定程度，PTC 元件开始起作用，使数控机床停止工作。

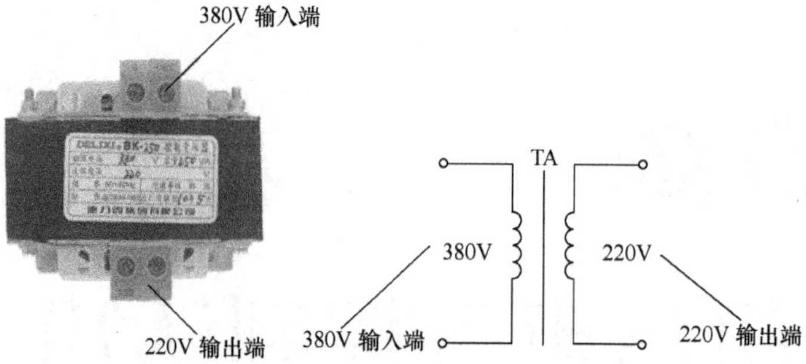

a) 单相变压器实物及其电气符号

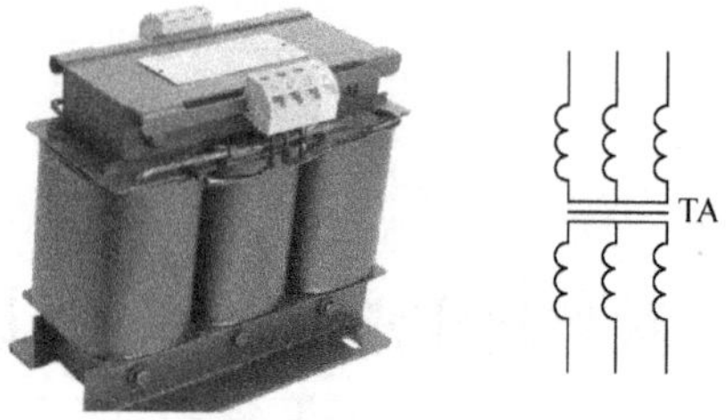

b) 三相变压器实物及其电气符号

图 2-1　变压器实物及其电气符号

（2）控制变压器

除了伺服变压器以外，数控机床还要用到控制变压器，以提供所需要的电源电压。如为交流接触器线圈或电磁阀提供 110V 或 127V 电压，为照明灯提供 36V 安全电压等。总而言之，只要是特殊电源（非 220V 和 380V），都需要用到变压器。

变压器的原理是输出电压的大小与它的线圈的匝数比有关，匝数越多，电压越高。通常，我们可以在无电的状态下，用万用表的欧姆档测量变压器的一次和二次线圈是否断路；在有电的状态下，用交流电压档测量一次和二次线圈的电压是否正确，以判断此变压器是否有故障。

2. 开关电源

在生产设备的电气控制中常常需要用到稳定的直流电源。如数控机床中的数控装置需要 24V 直流电源供电，电磁阀的绕组，可编程序逻辑控制器的输入、输出等都需要直流电源。

开关电源（Switching Mode Power Supply）是一种将 220V 工频交流电转换成稳压输出的装置，其功能是将一种形式的电能转换为另一种形式的电能，需要经过变压、整流、滤波、稳压四个环节完成。

开关电源的接线及其电气符号如图 2-2 所示，可实现交流 110V 或 220V 输入，直流 24V 输出。下面的三个接点接电源的输入端，即 220V 交流电的 L、N 和接地。上面的四个点分别是两个 24V 接点和两个公共端接点。在接线操作中可以分别引出两组 24V 直流电压供电。

开关电源使用注意事项：

1）开关电源的输入电压可以是 220V 或是 110V，应根据电路设计合理选择输入电压档位，否则会造成开关电源的损害。

2）注意分辨开关电源输出电压接线柱的地线端和零线端，并确保开关电源接地可靠。

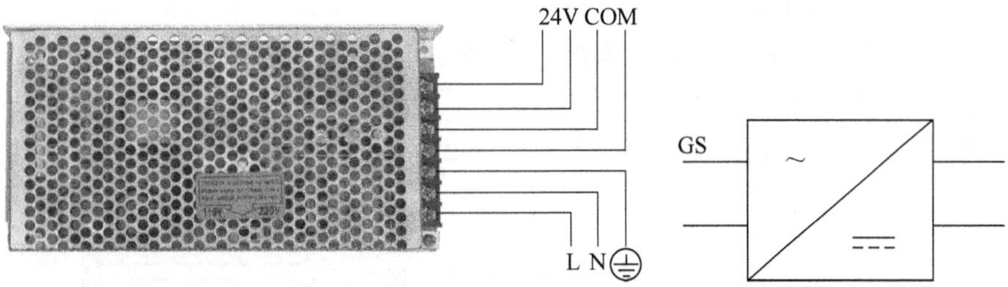

图 2-2　开关电源的接线及其电气符号

2.1.2　数控机床常用低压电器

1. 低压断路器

低压断路器（Breaker）是将控制和保护的功能合为一体的电器，如图 2-3 所示。它常作为不频繁的接通和断开的电路的总电源开关，或部分电路的电源开关，当发生过载、短路或欠电压等故障时能自动切断电路，能够有效地保护串接在它后面的电器设备，并且在分断故障电流后一般不需要更换零部件。

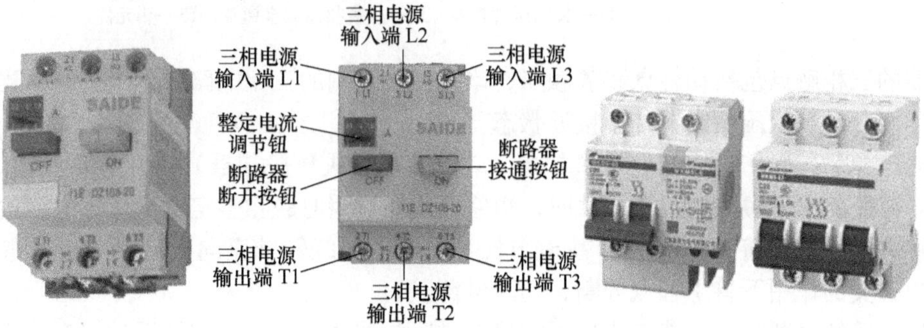

图 2-3　低压断路器外形

断路器

（1）低压断路器的型号及意义

低压断路器的型号及意义如图 2-4 所示。

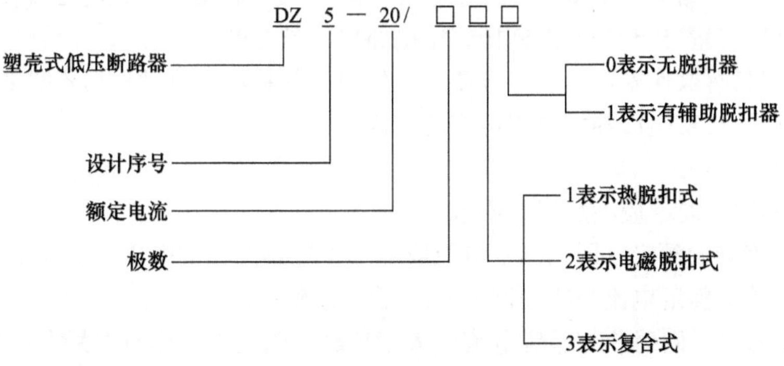

图 2-4　低压断路器的型号及意义

（2）低压断路器的电气符号及文字符号

低压断路器的电气符号及文字符号如图 2-5 所示。

（3）低压断路器的工作原理

低压断路器的工作原理如图 2-6 所示。

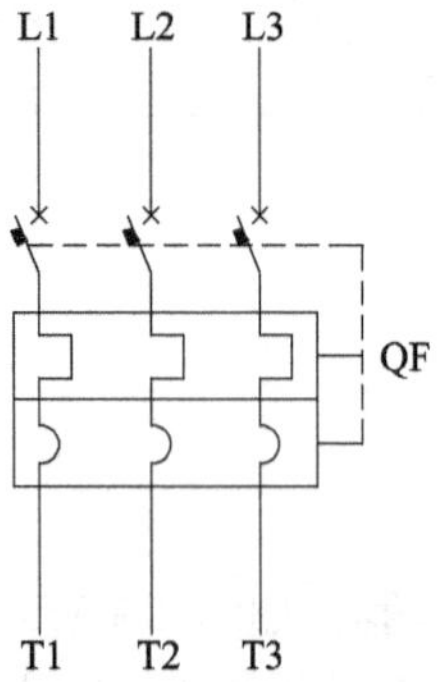

图 2-5　低压断路器电气符号及文字符号

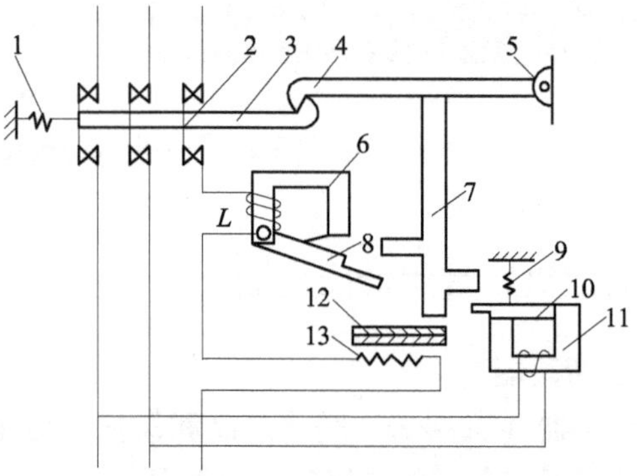

图 2-6　塑壳式低压断路器原理图

1—弹簧　2—三相触点　3—锁扣　4—搭钩　5—转轴
6—电磁脱扣器　7—连杆　8，10—衔铁　9—拉力弹簧
11—欠电压脱扣器　12—热脱扣器双金属片　13—热元件

低压断路器的三相触点包括动触点和静触点，串接在被控制的三相电路中。工作时，当动触点与静触点闭合时，低压断路器处于接通状态。

当开关接通电源后，脱扣机构（电磁脱扣器、热脱扣器及失压脱扣器）若无异常反应，开关运行正常。当线路发生短路或严重过载时，短路电流超过瞬时脱扣整定电流值，电磁脱扣器 6 产生足够大的吸力，将衔铁 8 吸合并撞击杠杆，使搭钩绕转轴座向上转动与锁扣脱开，锁扣在反力弹簧的作用下将主触点分断，切断电源。

当线路发生一般性过载时，过载电流虽不能使电磁脱扣器动作，但能使热元件产生一定热量，促使双金属片受热向上弯曲，推动杠杆使搭钩与锁扣脱开，将主触点分断，切断电源。

欠电压脱扣器的工作过程与电磁脱扣器恰恰相反，当线路电压正常时电压脱扣器产生足够的吸力，克服拉力弹簧的作用将衔铁吸合，衔铁与杠杆脱离，锁扣与搭钩才得以锁住，主触点方能闭合。当线路上电压全部消失或电压下降至某一数值时，欠电压脱扣器吸力消失或减小，衔铁被拉力弹簧拉开并撞击杠杆，主电路电源被分断。

低压断路器具有操作安全、使用方便、工作可靠等特点，且动作后不需要更换元件。因此，在工业生产、日常生活等场合获得广泛应用。

（4）断路器的选型

选用低压断路器时，应满足以下要求。

1）低压断路器的额定电压和额定电流应不小于电路的额定电压和最大工作电流。

2）热脱扣器的整定电流与所控制负载的额定电流一致。

3）电磁脱扣器的瞬时脱扣整定电流应大于负载电路正常工作时的最大电流。

4）极限分断能力应不小于电路中的最大短路电流。

5）欠电压脱扣器的额定电压应等于电路的额定电压。

6）断路器应用于照明电路时，电磁脱扣器的瞬时脱扣整定电流一般取负载电流的6倍；用于保护电动机时，电磁脱扣器的瞬时脱扣整定电流一般取电动机起动电流的1.7倍，或取热脱扣器额定电流的8~12倍。

2. 接触器

接触器是用于远距离频繁地接通与断开交/直流主电路及大容量控制电路的一种自动切换电器。其主要控制对象是电动机，也可用于控制其他电力负载，如电热器，电焊机等。接触器不仅能实现远距离集中控制，而且操作频率高，控制容量大，并具有欠电压释放保护、工作可靠、使用寿命长等优点，是继电器-接触器控制系统最重要和最常用的器件之一。

接触器种类很多，按其主触点通过电流的种类，可分为交流接触器和直流接触器；按接触器电磁线圈励磁方式不同分为直流励磁方式与交流励磁方式；按接触器主触点的极数来分，直流接触器有单极和双极两种，交流接触器有三极、四极和五极三种。交流接触器又可分为电磁式、永磁式和真空式。

（1）交流接触器

1）交流接触器外形及结构。

交流接触器（AC contactor）是一种用于中远距离频繁地接通与断开交/直流主电路及大容量控制电路的一种自动开关电器。交流接触器常用于远距离接通和分断电压至1140V、电流至630A的交流电路。其外形和内部结构如图2-7所示，由电磁系统、触点系统、灭弧装置、弹簧和支架底座等部分组成。

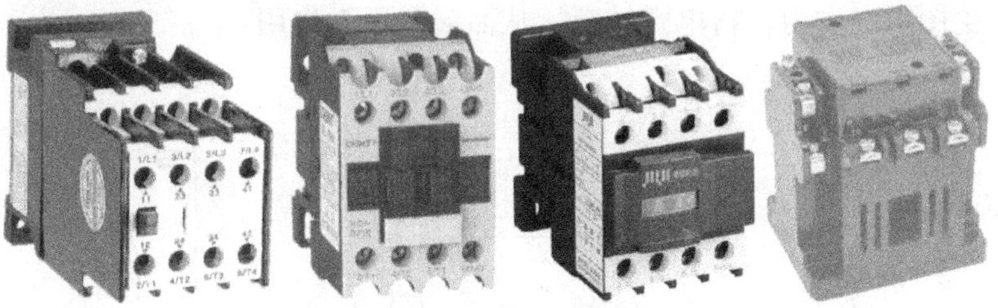

a) 交流接触器外形图

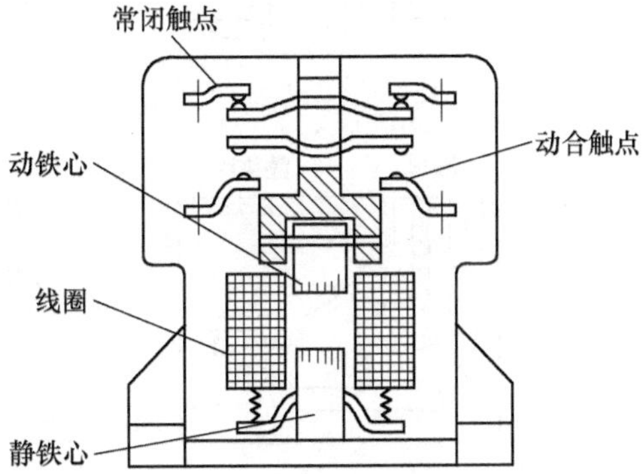

b) 内部结构示意图

图2-7 交流接触器外形和内部结构示意图

2）交流接触器组成。

① 电磁系统。交流接触器的电磁系统采用交流电磁机构，当线圈通电后，衔铁在电磁吸力的作用下，克服复位弹簧的反力与铁心吸合，带动触点动作，从而接通或断开相应电

路。当线圈断电后，动作过程与上述相反。

② 触点系统。触点是一切有触点电器的执行部件，用来接通和断开电路。其结构形式可分为桥式触点和指式触点，如图 2-8 所示。根据用途不同，接触器的触点可分为主触点和辅助触点。主触点用以通断电流较大的主电路，一般由三对动合（常开）触点组成；辅助触点用于通断小电流的控制电路，由动合（常开）和动断（常闭）触点成对组成。

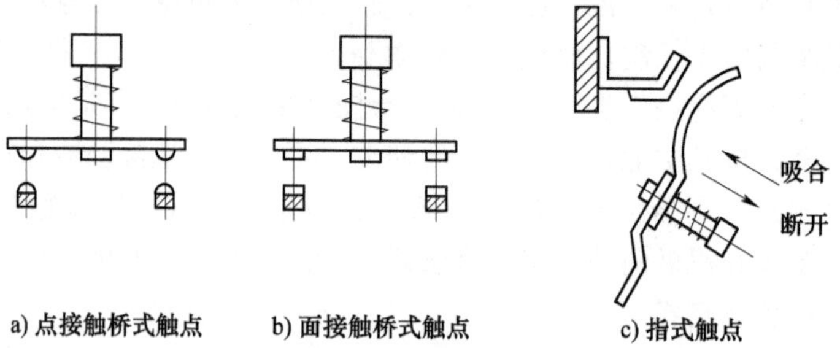

图 2-8　触点的结构形式

③ 灭弧装置。交流接触器用于通断大电流电路，通常采用电动力灭弧、纵缝灭弧和金属栅片灭弧。

a. 电动力灭弧。如图 2-9a、b、c 所示，当触点断开时，在断口中产生电弧，根据右手螺旋定则，产生如图所示的磁场，此时，电弧可以看作一载流导体，又根据电动力左手定则，对电弧产生图示电动力，将电弧拉断，从而起到灭弧作用。

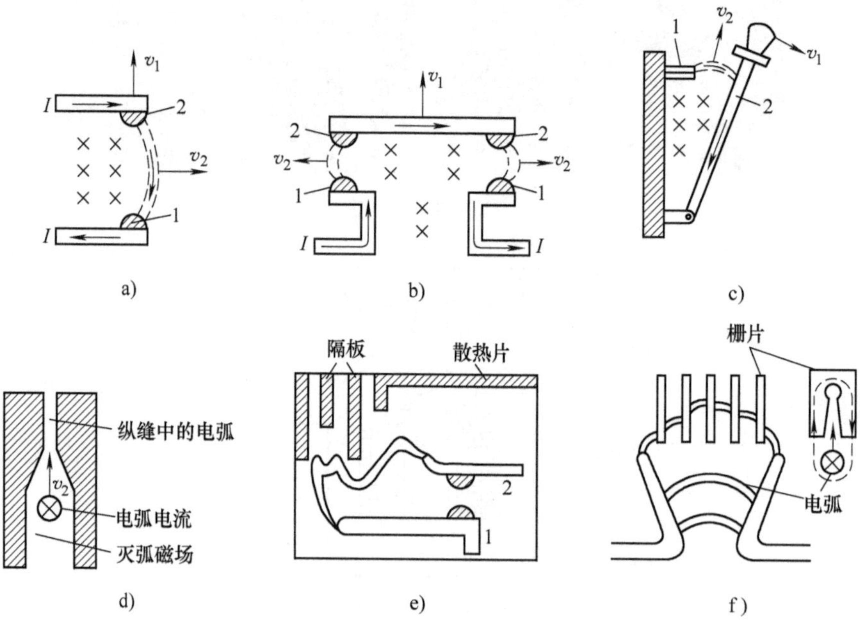

图 2-9　灭弧装置

1—静触点　2—动触点　v_1—动触点移动速度　v_2—电弧在电磁力作用下的移动速度

b. 纵缝灭弧。纵缝灭弧是依靠磁场产生的电动力将电弧拉入用耐弧材料制成的狭缝中，以加快电弧冷却，达到灭弧的目的，如图 2-9d、e 所示。

c. 金属栅片灭弧。如图 2-9f 所示，当电器的触点分开时，所产生的电弧在电动力的作用下被拉入一组静止的金属片中。这组金属片称为栅片，是互相绝缘的。电弧进入栅片后被分割成数股，并被冷却以达到灭弧目的。

d. 其他部分。其他部分包括反作用弹簧、缓冲弹簧、触点压力弹簧片、传动机构、接线柱和外壳等。

3）交流接触器的电气符号。

交流接触器的额定电压是指主触点的额定电压，额定电流是指主触点的额定电流。常用交流接触器的型号有 CJ20、CJX1、CJ12 和 CJ10 等系列。如 CJ10-20，其中 CJ 表示交流接触器，10 表示设计序号，20 表示主触点额定电流为 20A。其实物及电气符号如图 2-10 所示。

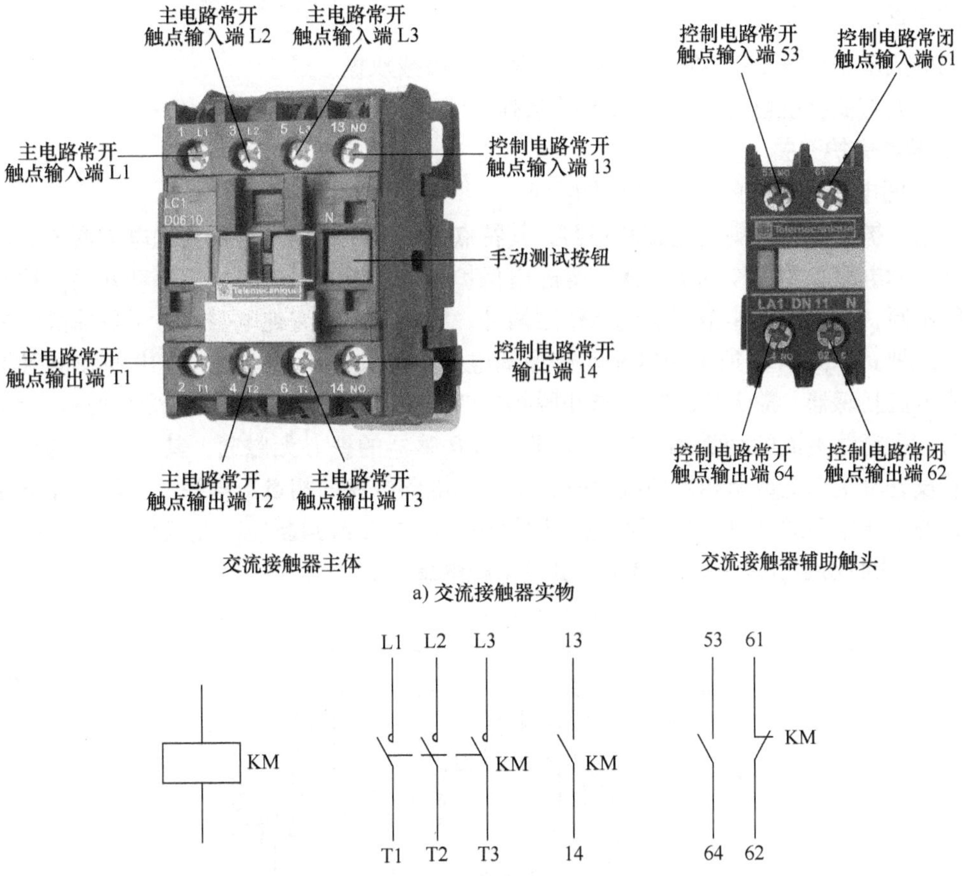

a) 交流接触器实物

b) 交流接触器电气符号

图 2-10 交流接触器的实物及电气符号

（2）直流接触器

直流接触器主要用来远距离接通和分断电压至 440V，电流至 630A 的直流电路，以及频繁地控制直流电动机的起动、反转与制动等。

直流接触器的结构和工作原理与交流接触器基本相同，只是采用了直流电磁机构。为了保证动铁心的可靠释放，常在磁路中夹有非磁性垫片，以减小剩磁的影响。

直流接触器的主触点在断开直流电路时，如电流过大，会产生强烈的电弧，故多装有磁吹式灭弧装置，如图 2-11 所示。

由于磁吹线圈产生的磁场经过上、下导磁片，磁通比较集中，因此电弧将在磁场中产生更大的电动力，使电弧拉长并拉断，从而达到灭弧的目的。

这种灭弧装置，由于磁吹线圈同主电路串联，所以其电弧电流越大，灭弧能力就越强，并且磁吹力的方向与电流方向无关，故一般用于直流电路中。

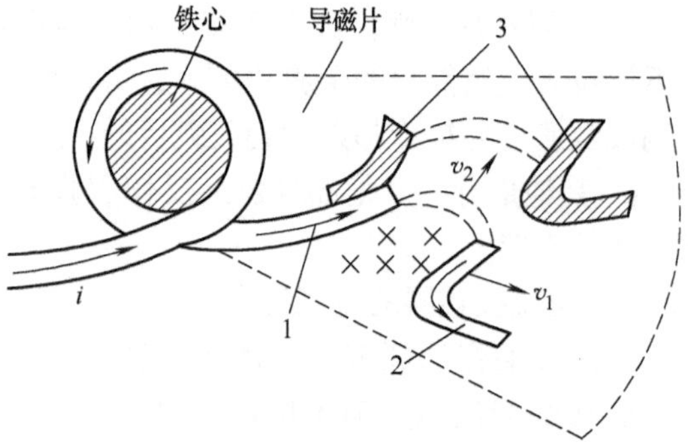

图 2-11 磁吹式灭弧装置

1—静触点 2—动触点 3—引弧角 v_1—动触点移动速度 v_2—电弧在电磁力作用下的移动速度

主触点多采用滚动接触的指形触点，做成单极或双极。

常用的直流接触器有 CZ0、CZ18 等系列。

3. 漏电保护开关

（1）漏电保护开关的结构与工作原理

漏电保护开关又称剩余电流断路器，其特点是能够在检测与判断到触电或漏电故障后自动切断故障电路，常用作低压电网人身触电保护和电气设备漏电保护的自动开关。按其脱扣原理的不同，有电压动作型和电流动作型两种，脱扣器结构有纯电磁式、半导体式和灵敏继电器式三种。如图 2-12 所示为电流动作型漏电保护开关的工作原理。图中的漏电保护开关由零序电流互感器、放大器、断路器和脱扣器四个主要部件组成。其工作原理是：设备正常运行时，主电路电流的相量和为零，零序电流互感器的铁心无磁通，其二次绕组无电压输出。若设备发生漏电或单相接地故障时，由于主电路电流的相量不再为零，则零序电流互感器的铁心中产生磁通，其二次绕组有电压输出，经放大器判断后，输入脱扣器，使断路器 QF 跳闸，从而切断故障电路，避免人员发生触电事故。

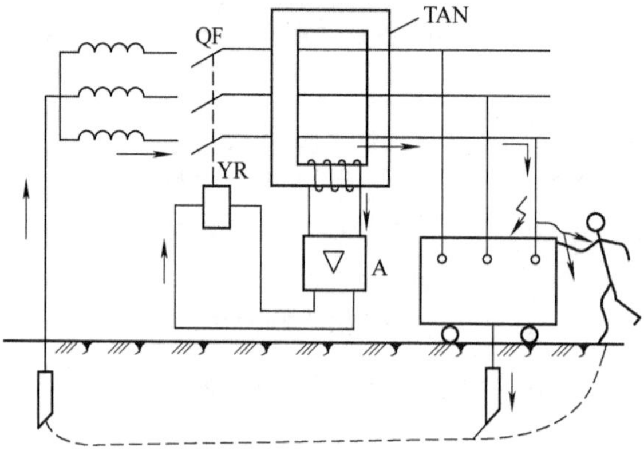

图 2-12 电流动作型漏电保护开关工作原理

（2）漏电保护开关的使用维护

1）漏电保护开关的漏电、过载、短路保护特性均由制造厂整定，在使用中不可随意调节。

2）新安装或运行一段时间后（一般每隔一个月）的漏电保护开关，需在合闸通电状态下，按动试验按钮，检查漏电保护性能是否正常可靠。

3）被控制电路发生故障（漏电、过载、短路）时，漏电保护开关分闸，操作手柄处于中间位置，当查明故障原因、排除故障后再合闸时，先将手柄向下扳动，当操作机构脱开后，才能进行合闸操作。

4）漏电保护开关因被控制电路短路而分断后，须打开盖子检查触点，进行维护清理。

4. 熔断器

（1）熔断器外形

熔断器（Fuse）是指当电流超过规定值时，以本身产生的热量使熔体熔断，从而断开电路的一种电器。熔断器主要有熔体、安装熔体的熔管和熔座三部分组成，其实物图、接线图及符号如图 2-13 所示。

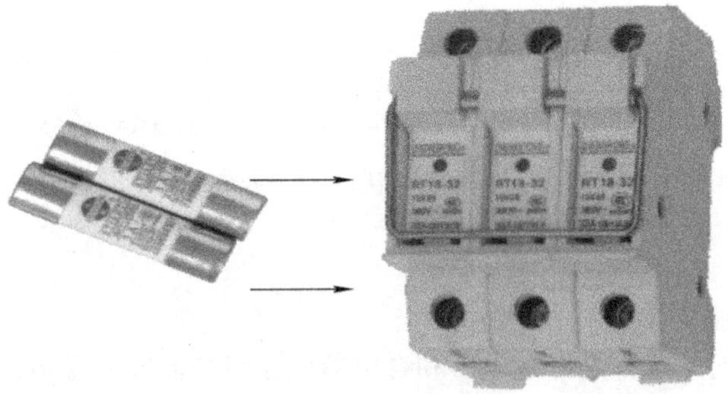

a) 实物图

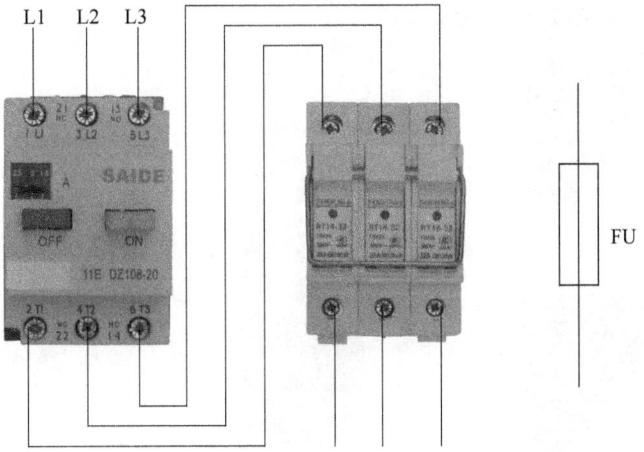

b) 接线图　　c) 符号

图 2-13　熔断器实物图、接线及符号

熔断器广泛应用于高低压配电系统和控制系统以及用电设备中，作为短路保护的电器，是应用最普遍的保护器件之一。

（2）熔断器型号及含义

熔断器型号及含义如图 2-14 所示。

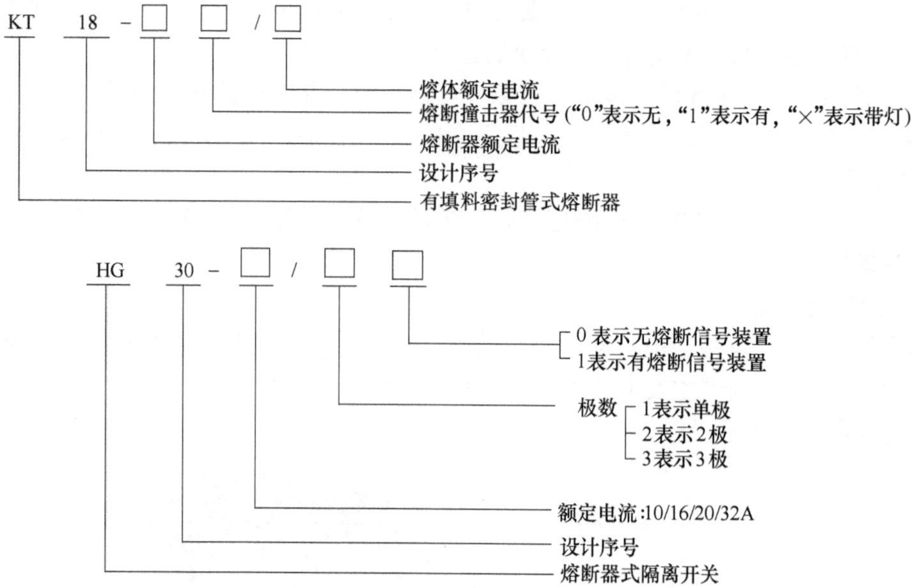

图 2-14　熔断器型号及含义

5. 中间继电器

（1）中间继电器外形

继电器在使用时一般都是由继电器和继电器底座组合而成，继电器底座可以快速安装在导轨上，并能够把继电器的线圈和触电的接点引出到底座的快速连接柱上，使得在使用和接线时都非常方便，如果继电器损坏也可以直接将继电器从底座上拔出直接更换，节省了维修时间，继电器的组成如图 2-15 所示。

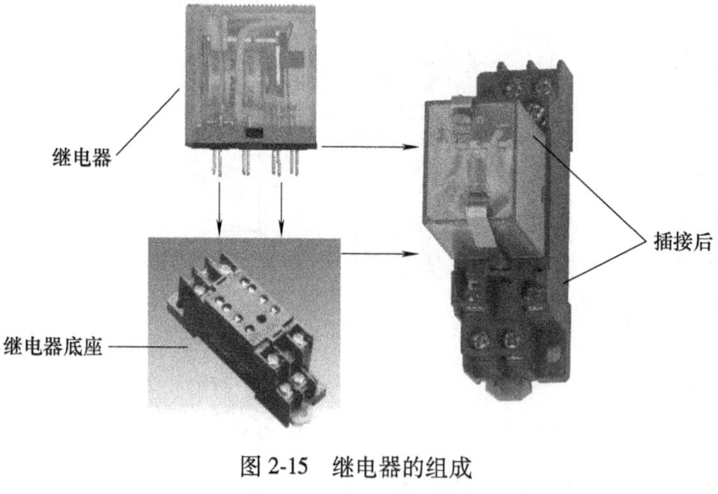

图 2-15　继电器的组成

中间继电器

（2）中间继电器的型号及含义

中间继电器的型号及含义如图 2-16 所示。

（3）中间继电器的电气符号及文字符号

中间继电器的电气符号及文字符号如图 2-17 所示。

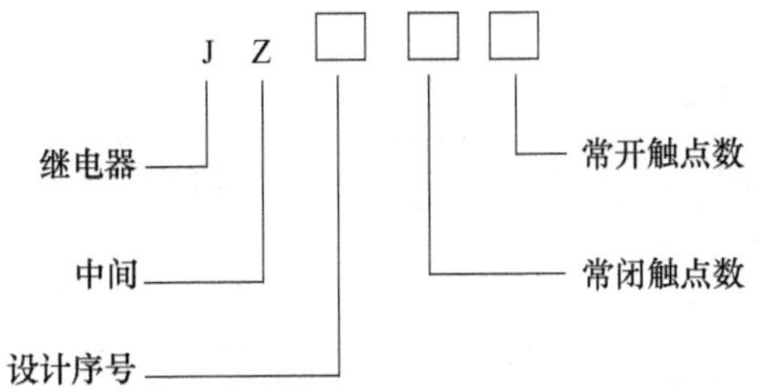

图 2-16 中间继电器的型号及含义

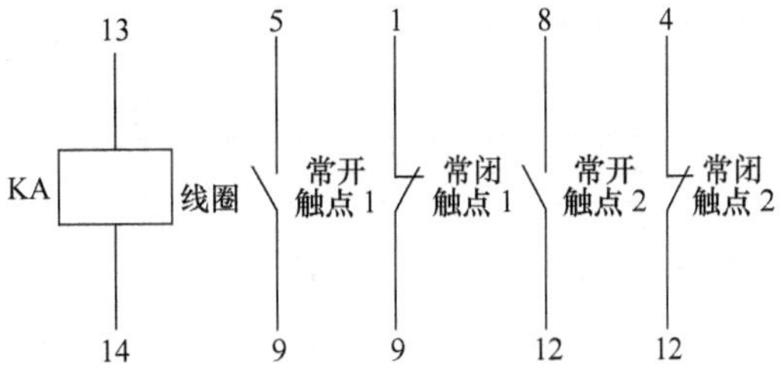

图 2-17 中间继电器的电气符号和文字符号

（4）中间继电器的接线

按线圈电流种类不同分为交流继电器和直流继电器。在数控机床中一般使用线圈电压是直流 24V 的继电器，共有两组常开和常闭触点，接线方法如图 2-18 所示。

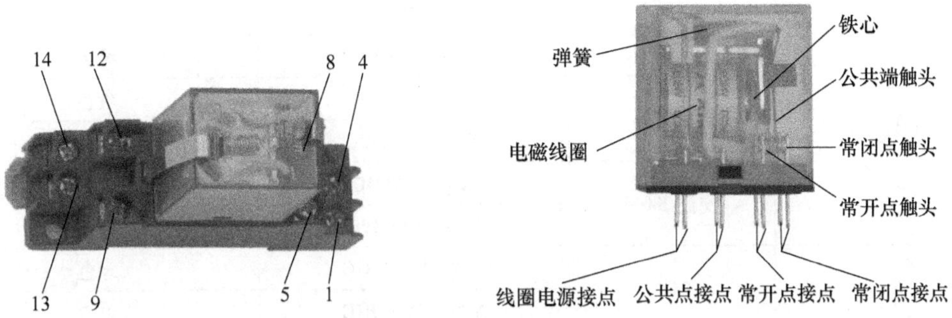

图 2-18 继电器的接线

在接线时大家注意继电器底座和继电器插针的对应关系。

6. 控制按钮

控制按钮主要是用来接通或断开控制电路，以发布命令或信号，改变控制系统工作状况的电器。常用的主令电器有控制按钮、行程开关、万能转换开关、主令控制器等。按钮的实物图及电气符号如图 2-19 所示。

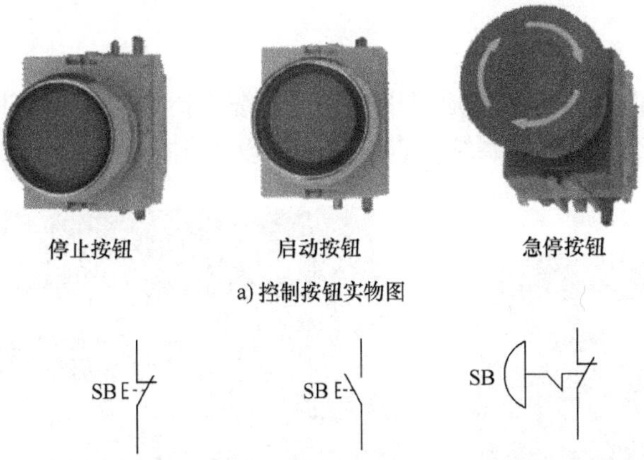

图 2-19 按钮实物图及电气符号

按钮开关

控制按钮的选型见表 2-1。

表 2-1　按钮的选型

名称	描述	型号	颜色
启动按钮：ϕ22	常开	XB2BA31C XB2BZ101C+ZB2BA3C	绿色
停止按钮：ϕ22	常闭	XB2BA42C XB2BZ102C+ZB2BA2C	红色
急停按钮：ϕ30	—	XB2BS442C	—
选择开关：ϕ22	2 位	XB2　BD25C	黑色
	3 位	XB2　BD53C	黑色
指示灯	交直 24V	XB2　BVB4C	红色
		XB2　BVB3PC	绿色
	交流 220V	XB2　BVM4C	红色
		XB2　BVM3PC	绿色
	交流 280V	XB2　BVQ4C	红色
		XB2　BVQ3PC	绿色
带灯按钮	24V	XB2　EW33B1C	绿色
		XB2　EW34B1C	红色
	220V	XB2　EW33M1C	绿色
		XB2　EW34M1C	红色

7. 继电器模块组

继电器模块组是依据电气自动化控制的信号及控制指令的转换需要，实现弱电控制强电、电气信号间隔等功能而开发的系列产品，其实物如图 2-20 所示。模块组采用集成化设计，结构简单紧凑，安装方便，广泛适用于电气自动化，如数控机床、PLC 及电力控制柜等环节中。

8. 分线器

通用型分线器模块将 I/O 设备信号转化成可以在扁平电缆中传输的信号，其实物如图 2-21 所示。FANUC 0i 系统属于经济型数控系统，直接将 I/O 设备连接到系统 PLC 接口上。

图 2-20　继电器模块组实物图

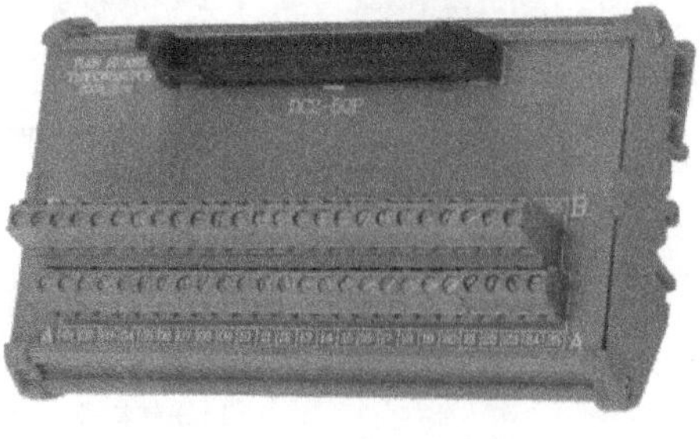

图 2-21　分线器实物图

课堂训练

1. 认知数控维修实验台上各个电气元件，熟悉其功能、文字符号和电气符号。
2. 根据数控机床电气原理图，熟悉数控维修实验台的电气控制接线。

课后练习

1. 归纳总结机床电气控制中所涉及的电气元件的图形和文字符号。
2. 利用万用表检测数控机床低压电气元件的好坏。

任务 2.2 数控机床电气原理图识读

【知识目标】

1. 了解数控机床电气原理图相关规范标准。
2. 掌握数控机床电气原理图绘制方法。
3. 熟悉数控机床电气原理图中的元器件使用特点。

【能力目标】

1. 能够根据电气原理图，识读电气控制原理。
2. 能够根据电气原理图，排查数控机床电气故障。

电气控制系统图主要包括电气原理图和电气接线图。在电气控制系统中为了表达系统的设计意图，准确地分析、安装、调试和检修都离不开电气控制系统图。熟练绘制与识读电气控制系统图是维修电工的一项基本技能。

2.2.1 电气原理图

用国家规定的标准图形符号和项目代号来表示电路中各个电气元件的连接关系及电气工作原理的工程图样称为电气原理图，如图 2-22 和图 2-23 所示。

电气原理图识读

1. 电气原理图的绘制方法

1）原理图一般分为电源电路、主电路、控制电路、信号电路及照明电路。电源电路画成水平线三相交流电源相序，L1、L2、L3 由上而下依次排列画出，中性线 N 和保护线 PE 画在相线之下。直流电源则按照正极在上、负极在下画出。电源开关要水平画出。主电路要垂直电源电路画在原理图的左侧。控制电路、信号电路、照明电路要跨接在两相电源线之间，耗能元件依次垂直画在主电路的右侧。电路中的耗能元件如接触器和继电器的线圈、信号灯、照明灯等要画在电路的下方，而电器的触点应画在耗能元件的上方。

2）原理图中各电器触点位置按电路未通电或电器未受外力作用时的常态位置画出，各电气元件不画实际的外形图，而采用国标所规定的图形符号和文字符号。

3）原理图中同一电器的各元件不按它们的实际位置画在一起，而是按其在电路中所起作用分画在不同的电路中，但它们的动作却是相互关联的，必须标以相同的文字符号。若图中相同的电器较多时需要在电器文字符号后面加上数字以示区别，如 KM1、KM2 等。

4）原理图中对有直接电联系的十字交叉导线连接点要用小黑圆点表示，无直接电联系的十字交叉导线连接点则不画小黑圆点。

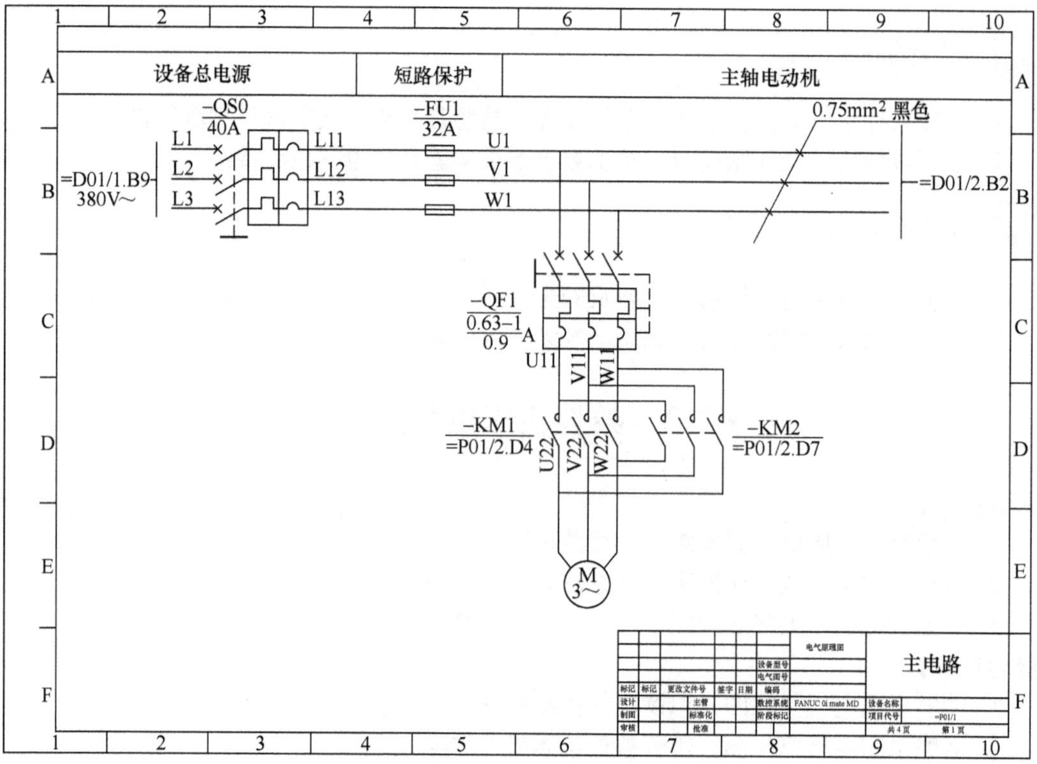

图 2-22　电气原理图主电路

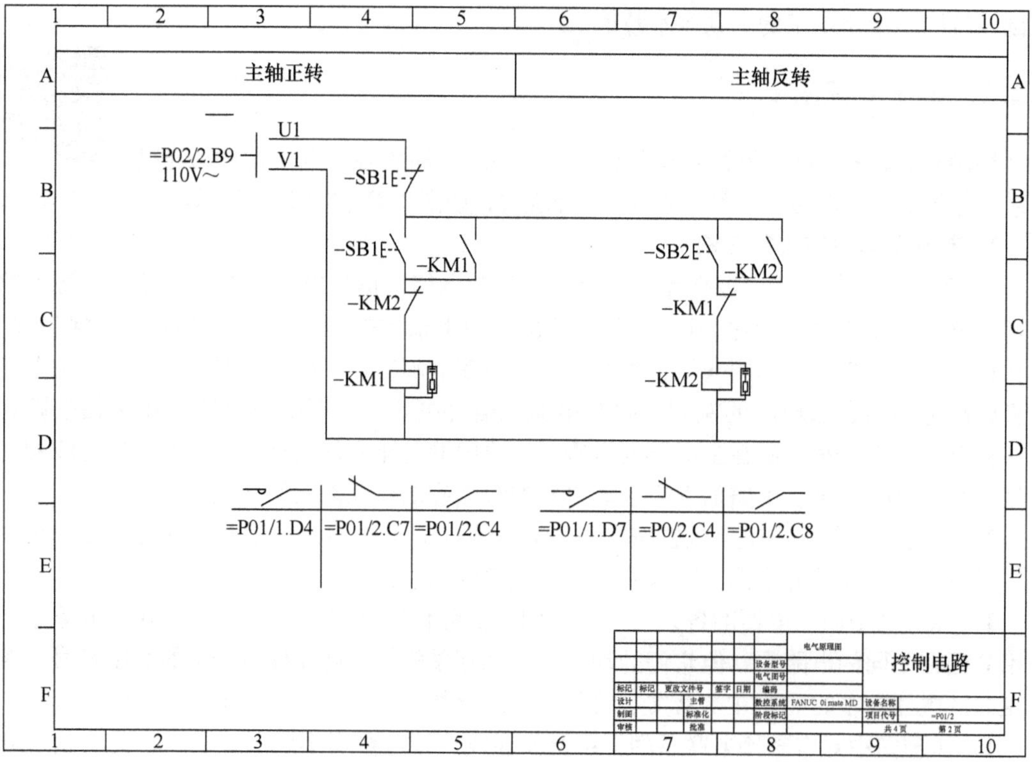

图 2-23　电气原理图控制电路

2. 电气原理图的识读方法

1）主电路的识读步骤。第一步看主电路中消耗电能的电器或电气设备如电动机、电热器等。第二步搞清楚用什么电气元件控制用电器，如开关、接触器、继电器等。第三步看主电路上还接有哪些保护电器，如熔断器、热继电器等。第四步看电源，了解电源的电压等级。

2）控制电路的识读步骤。第一步看电源，首先看清电源的种类，其次看清控制电路的电源是从何处来。第二步搞清控制电路如何控制主电路。若控制电路的每一分支路形成闭合则会控制主电路的电气元件动作，使主电路用电器接入或切除电源，寻找怎样使回路形成闭合是十分关键的。第三步寻找电气元件之间的相互联系。第四步再看其他电气元件构成的电路，如整流、照明电路等。

2.2.2 电气接线图

电气接线图是一种用来表明电气设备各元件相对位置及接线方法的工程图样。它主要用于安装接线、电路检查和故障维修，特别在施工和检修中能够起到电气原理图所起不到的作用。

1. 电气接线图的绘制原则

1）接线图通常需要与原理图、位置图一起使用，相互参照。

2）应正确表示电气元件的相互连接关系及接线要求。

3）控制电路的外部连接应使用接线端子排。

4）应给出连接外部电气装置所用的导线、保护管和屏蔽方法，并注明所用导线及保护管的型号、规格及尺寸。

5）图中文字代号及接线端子编号应与原理图相一致。

2. 电气接线的步骤与要求

1）认真分析电气原理图，要求明确电气电路的控制要求、工作原理、操作方法、结构特点及所用电气元件的规格。

2）绘制电器位置图和接线图，要求符合电气制图的基本原则。

3）按照要求选择电气元件，并按电气元件的安装要求安装。

4）按照接线图和原理图连接导线。

5）调整电气元件，如热继电器的整定电流、时间继电器的延时时间。

6）认真检查电路。

7）经指导老师同意后通电测试。

2.2.3 电气安装的主要工艺要求

1. 电气元件的安装

1）各元件的安装位置应整齐、匀称、间距合理以便于更换。

2）紧固各元件时应用力均匀，紧固程度适当。

2. 导线的连接

1）直线通道应尽可能少，按主电路、控制电路分类集中，单层平行密集，紧贴敷设面。

2）同一平面的导线应高低一致或前后一致，不能交叉。

3）布线应横平竖直，导线弯折转角要成90°。

4）导线与接线端子连接时要求接触良好，应不压绝缘层、不反圈及不露铜过长。

5）一个电气元件接线端子上的连接导线不得超过两根，每节接线端子板上的连接导线一般只允许连接一根。

6）布线时严禁损伤导线芯和导线绝缘层。

7）如果电路简单可不套编码管。

课堂训练

1. 根据电气原理图查找数控维修实验台上各个电气元件，熟悉其功能、文字符号和电气符号。

2. 根据数控机床电气原理图，熟悉数控维修实验台的电气控制接线。

课后练习

查找资料，学习电气原理图的标准和规范。

任务2.3　数控机床上电前的检查

2.3.1　测量电源相阻值及对地电阻

数控机床的电气原理图纸见附录F。

总电源拔下，断开所有断路器。万用表测三相五线，三相对地线阻值，零线对地线阻值，一般为无穷大。检查三相之间的电阻，一般为无穷大，如图2-24和图2-25所示。

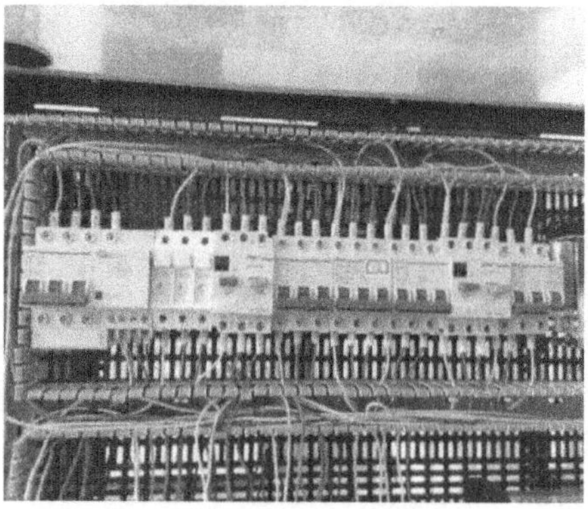

图2-24　断开所有断路器

图2-25　测电源各类电阻

2.3.2　检查断路器

机床侧开关SQ0断开，总开关QS1断开，测QS1进线是否短路。合上QS1，测量L进线与各个断路器的对应进线是否短路。例如：表笔1测L1，则表笔2分别测冷却QF1，伺服变压器 QF2，排屑 QF4，刀库 QF5，照明 QF6 的第一相进线是否短路；表笔 1 测 L2 处，表笔 2 分别测冷却 QF1，伺服变压器 QF2，排屑 QF4，刀库 QF5，照明 QF6 的第二相进线是否短路；表笔 1 测 L3 处，表笔 2 分别测冷却 QF1，伺服变压器 QF2，排屑 QF4，刀库 QF5，照明 QF6 的第三相进线是否短路，如图 2-26 所示。

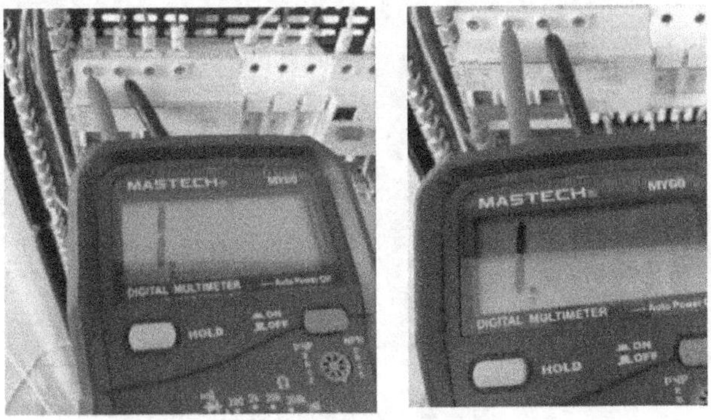

图 2-26 测量相间电阻

2.3.3 检查各个负载回路

1. 测冷却强电回路

1）测冷却 QF1 出线 U11、V11、W11 到 KM1 进线是否短路、断路。

2）测 KM1 出线到接线端子 4、5、6（U1、V1、W1）是否短路、断路。

3）测端子排 U1、V1、W1 之间的阻值是否相等，如图 2-27 所示。若为 0 说明有短路，若为无穷大说明断路。

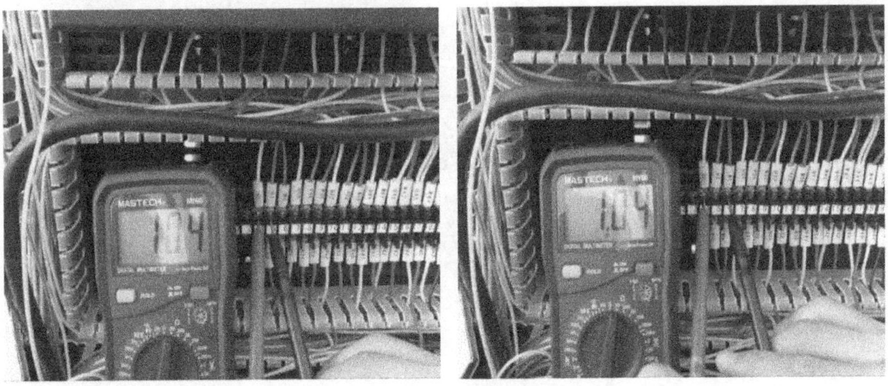

图 2-27 万用表测电阻

2. 排屑强电回路

1）测排屑 QF4 出线 U71、V71、W71 到 KM3、KM4 进线是否短路、断路。

2）测 KM3、KM4 出线到接线端子 7、8、9（U72、V72、W72）是否短路、断路。

3）测端子排 U72、V72、W72 之间的阻值是否相等，若为 0 说明有短路，若为无穷大说明断路。

3. 刀库强电回路

1）测刀库 QF5 出线 U51、V51、W51 到 KM5、KM6 进线是否短路、断路。

2）测 KM5、KM6 出线直接到刀库电动机，如图 2-28 所示。

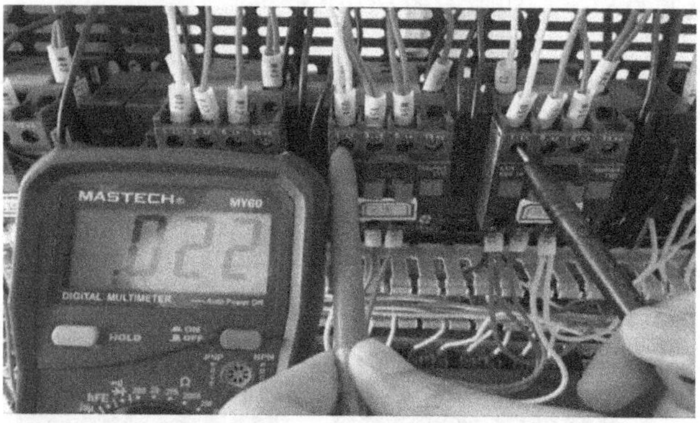

图 2-28　万用表测通断

4. 照明电路

照明电路主要测量交流 24V 电源是否正常。

1）检查 QF6 两相 380V 出线—TC3 变压器之间线路是否正常。

2）检查变压器变压接线是否正常（380V/220V/110V/24V）。

3）检查 KA6 的常开触点—工作灯是否正常。

2.3.4　变压器检查

检查进线出线（线序）连接是否正常，接地是否正常，如图 2-29 所示。

图 2-29　万用表测接地

2.3.5　检查伺服供电回路

1）QF2 出线相序：变压器 TC2（380V/220V）—KM2 出线—端子排 24、25、26（U33、V33、W33）—伺服主电源。

2）QF2 出线相序：变压器 TC2（380V/220V）—KM2 进线—QF3—伺服主轴风扇；

3）主轴风扇相序：QF3 出线 U34、V34、W34—端子排 1、2、3（U34、V34、W34），如图 2-30 所示。

2.3.6　检查 24V 供电模块

1）检查开关电源 GS1，0V 与 24V 之间的阻值（20kΩ，读数 160 左右）。

2）检查开关电源 GS2，0V 与 24V 之间的阻值（20kΩ，读数 300 左右）。

3）检查 0 与 24V 连接是否正确。

4）检查 GS1 和 GS2 接地是否正确，如图 2-31 所示。

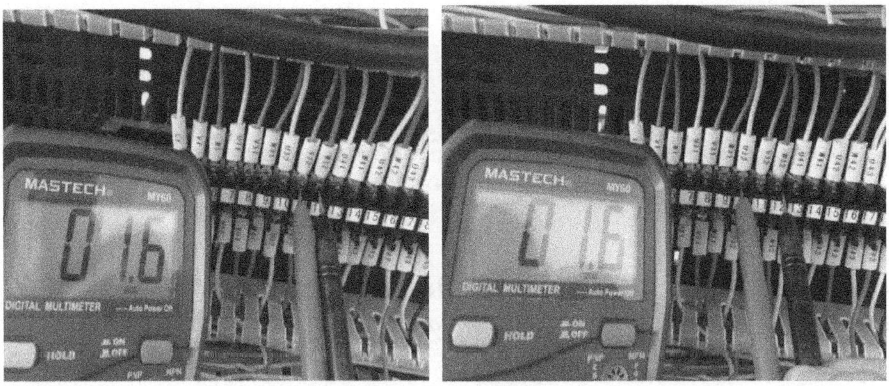

图 2-30　万用表测通断

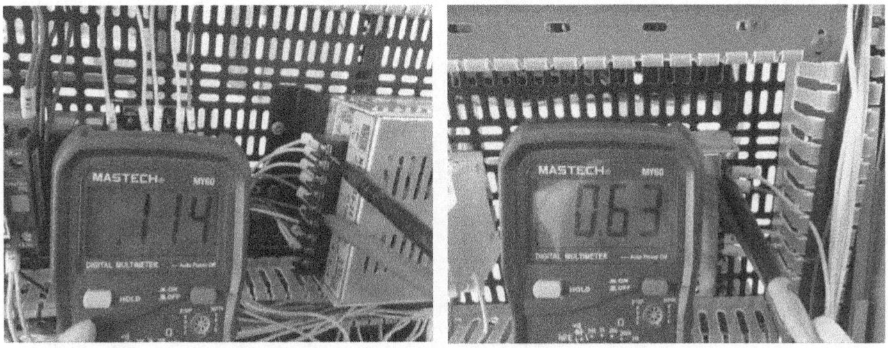

图 2-31　万用表测通断

任务 2.4　上电过程检查

1. 拔掉 24V 电源线

先把伺服，I/O，PMC 的电源线拔掉。

2. 上电测量各个负载回路

合上 QS0，测量 QS1 的进线端电压是否为 380V，闭合 QS1 后分别给各个负载电路上电，检查各个 KM 进线电压是否正常。

3. 检查变压器电压

1）闭合 QF2，检查变压器（380V/220V）电压是否正常，测量 QF3 的进线电压与 KM2 进线电压是否正常。

2）闭合 QF6，检查变压器（380V/220V/110V/24V）电压是否正常，测量变压器或者端子排号 16、17、18、19、20、21、22、23 的进线电压是否正常。

3）检查各个开关电源电压 24V 电源是否正常。

注意：系统上电检查时，如果系统不能正常上电，首先检查 KA9 接线是否正确；如果上电后，旋开急停按钮仍然有急停报警，首先检查 KA10 接线是否正确，然后检查梯形图 X8.4 信号状态是否正常。

课堂训练

1. 根据数控机床电气原理图，完成上电前检查操作。
2. 根据数控机床电气原理图，完成上电后检查操作。

课后练习

1. 归纳总结数控机床上电前检查的步骤与注意事项。
2. 总结数控机床中用到的变压器的种类及作用。
3. 数控机床变压器如何选型？

项目3

FANUC数控机床硬件连接

任务3.1 FANUC数控装置接口及外围连接

【知识目标】

1. 认识数控机床电气控制的各个组成模块及模块的功能。
2. 了解数控机床电气控制部分各接口的含义。
3. 能够根据硬件连线说明书进行连线。
4. 加深理解数控机床的组成。

【能力目标】

1. 完成FANUC数控系统FSSB总线的硬件连接。
2. 完成FANUC数控系统的I/O Link的硬件连接。

3.1.1 数控机床CNC控制器认知

1. 数控装置与伺服系统连接

系统整体连接图如图3-1所示。

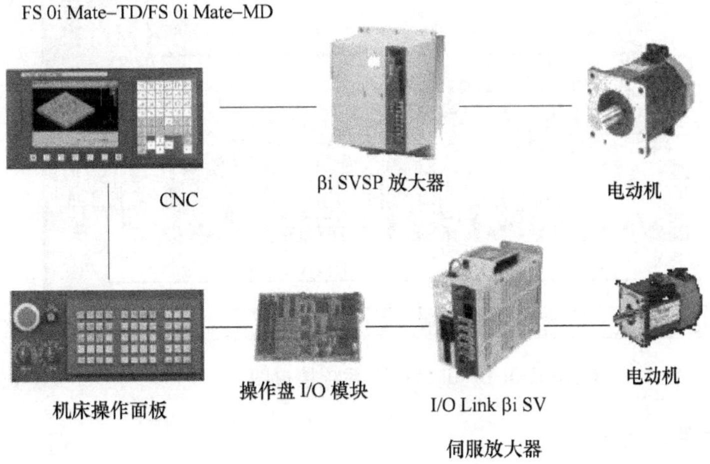

图3-1 系统整体连接图

2. 数控机床 CNC 控制器

数控系统控制器如图 3-2 所示。

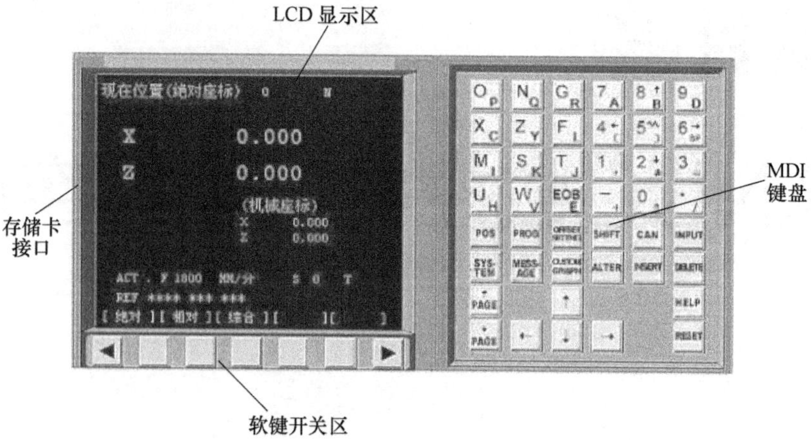

图 3-2　数控系统控制器

3.1.2　数控装置接口认知

1. 数控装置接口分布

图 3-3 为 FANUC 0i D/ 0i MateD 系统接口图。

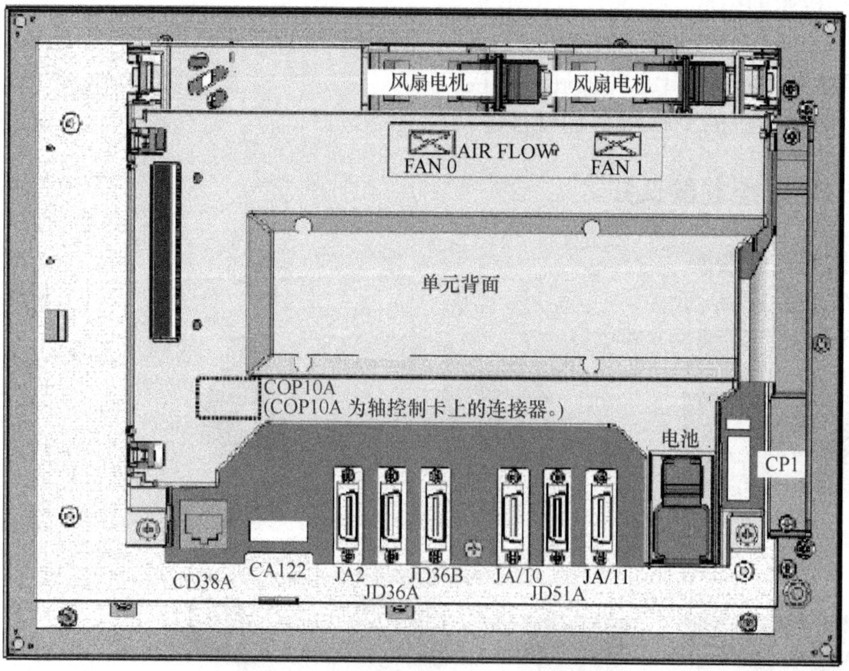

图 3-3　FANUC 0i D/ 0i MateD 系统接口图

数控系统硬件连接

2. 数控装置接口认知

数控系统接口及其用途见表 3-1。

表 3-1 数控系统接口及其用途

端口号	用　途
COP10A	伺服 FSSB 总线接口，此口为光缆口
JA1	CRT 接口
JA2	系统 MDI 键盘接口
JD36A/JD36B	RS232-C 串行接口
JA40	模拟主轴信号接口
JD51A	I/O LINK 总线接口
JA7A（JA41）	串行主轴接口/主轴编码器反馈接口
CP1	系统电源输入（DC 24V）

注：打开数控系统后板观察接口，掌握每个接口的作用。

课堂训练

根据如图 3-4 所示的数控装置系统连接示意图，熟悉各个接口分布及接口主要功能。

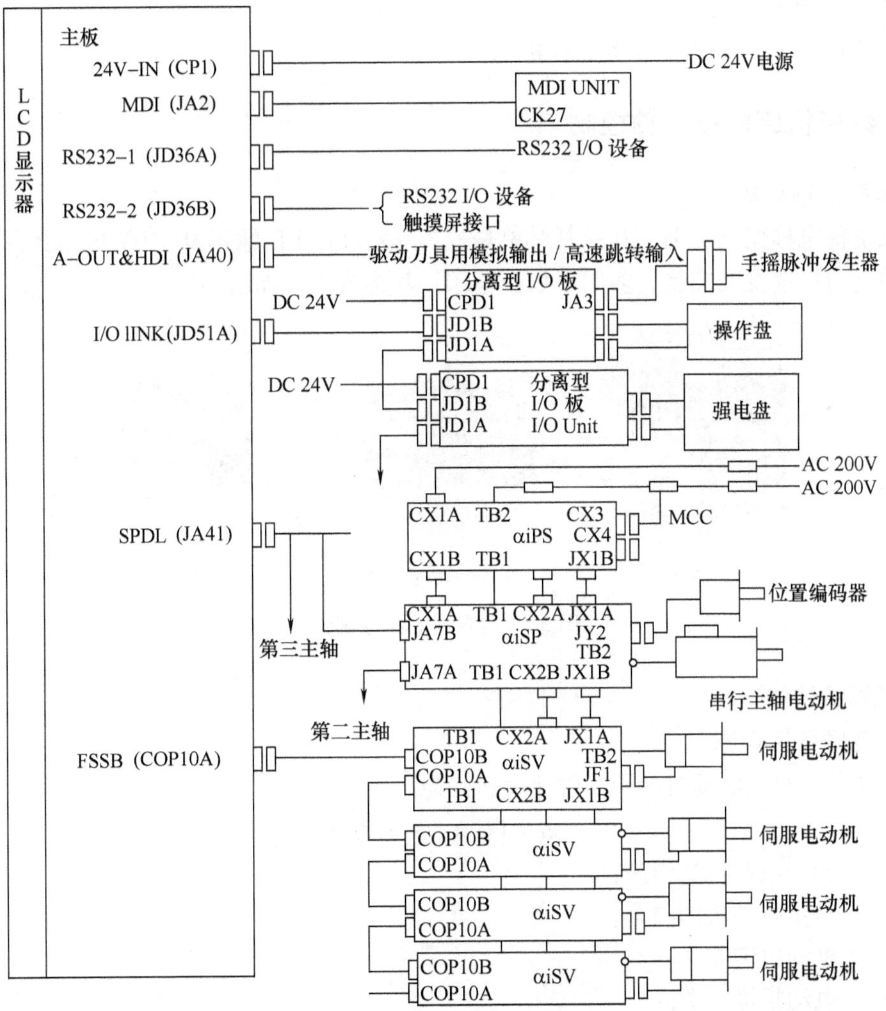

图 3-4 数控装置系统连接示意图

课后练习

1. 归纳总结 FANUC 数控装置产品主要规格型号。
2. 总结数控机床 CNC 控制器的结构和功能。

任务 3.2　FANUC 0i D/F CNC 与主轴驱动部件硬件连接

【知识目标】

1. 了解数控机床产生、发展的基本知识。
2. 了解数控车床安全操作知识。
3. 熟悉数控机床维护与保养知识。

【能力目标】

1. 能够安全操作数控车床。
2. 能够按要求定期维护保养数控机床。

3.2.1　数控机床模拟主轴控制

1. 模拟主轴认知

模拟主轴也称变频主轴，其控制对象是数控系统 JA40 口输出 0~10V 的电压给变频器，实现主轴电动机速度的控制，多用于数控车床，其构成部件如图 3-5 所示。

a) 变频器　　b) 电动机　　c) 编码器

图 3-5　变频主轴构成部件

2. 变频器认知

（1）变频器工作原理

我们知道，交流电动机的同步转速表达式为

$$n = 60f(1-s)/p \tag{3-1}$$

式中　n——异步电动机的转速；

f——异步电动机的频率；

s——电动机转差率；

p——电动机极对数。

由式（3-1）可知，转速 n 与频率 f 成正比，只要改变频率 f 即可改变电动机的转速，当频率 f 在 0~50Hz 的范围内变化时，电动机转速调节范围非常宽。变频器就是通过改变电动机电源频率实现速度调节的，是一种理想的高效率、高性能的调速手段。

变频器的工作原理是：先将频率固定的交流电“整流”成直流电，再把直流电“逆变”成频率任意可调的三相交流电，即“交—直—交”过程。由此，变频器的工作状态就是整流和逆变。

（2）三菱变频器的端子功能

以三菱变频器为例，讲解变频器各端子的功能，如图 3-6 所示。

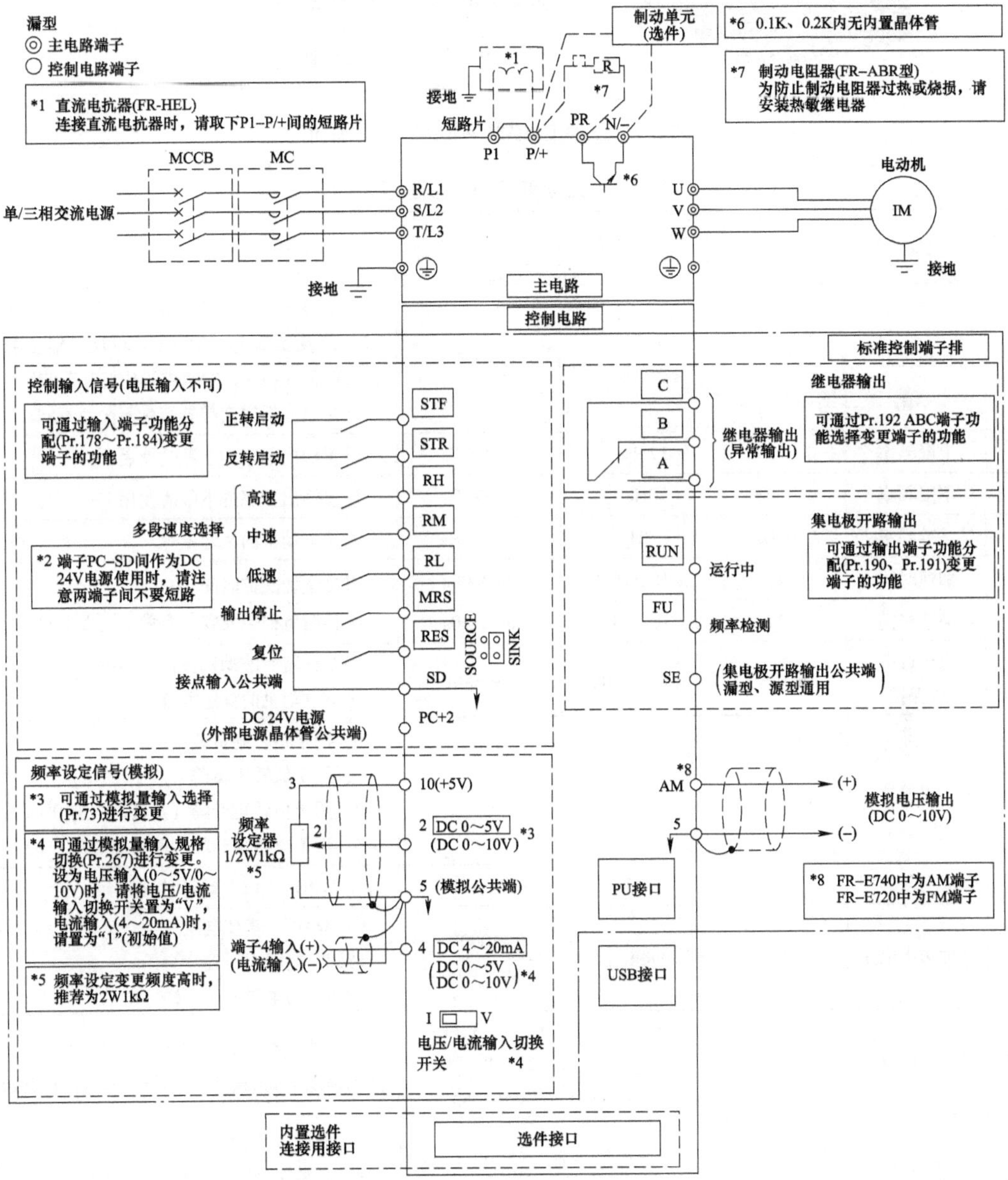

图 3-6 三菱变频器的端子

（3）三菱变频器的设置画面与参数

三菱变频器的外观与设置画面如图 3-7 所示，相关参数设置说明见表 3-2。

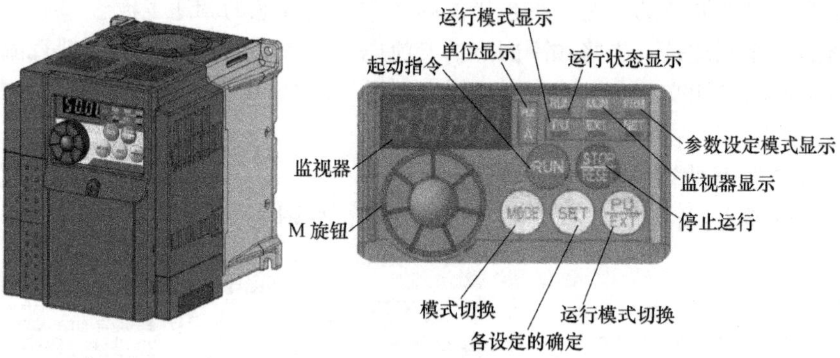

图 3-7　三菱变频器的外观与设置画面

表 3-2　三菱变频器参数设置说明

参数编号	名称	单位	初始值	范围	用　　途
0	转矩提升	0.10%	6%/4%/3%/2%*	0~30%	V/F 控制时，在需要进一步提高起动时的转矩以及负载后电动机不转动、输出报警（OL）且（OC1）发生跳闸的情况下使用 * 初始值根据变频器容量不同而不同
1	上限频率	0.01Hz	120Hz	0~120Hz	设置输出频率的上限时使用
2	下限频率	0.01Hz	0Hz	0~120Hz	设置输出频率的下限时使用
3	基准频率	0.01Hz	50Hz	0~400Hz	确认电动机的额定铭牌
7	加速时间	0.1s	5s/10s/15s*	0~3600s	可设定加减速时间 * 初始值根据变频器容量不同而不同
8	减速时间	0.1s	5s/10s/15s*	0~3600s	
9	电子过电流保护	0.01A	变频器额定电流	0~500A	用变频器对电动机进行热保护。 设定电动机的额定电流
14	适用负荷选择	1	0	0~3	0：用于恒转矩负载 1：用于低转矩负载 2：用于恒转矩升降（反转时提升 0%） 3：用于恒转矩升降（正转时提升 0%）
18	最高上限频率	—	120Hz	120~400Hz	在 120Hz 或以上运行时设定
19	基准频率电压	0.1V	9999	0~1000V、8888、9999	0~1000V：基准电压 8888：电源电压的 95% 9999：与电源电压一样
71	适用电动机	—	0	0、1、3、13、23、40、43、50、53	通过选择标准电动机和恒转矩电动机，将分别确定不同的电动机热特性和电动机常数
73	模拟量输入选择	—	1	0、1、10、11	0：表示为 0~10V 1：表示 0~5V（此选项极性不可逆） 10：表示 0~10V 11：表示 0~5V（此选项极性可逆）

（4）变频器在数控机床主轴上的应用

三菱变频器数控机床主轴接线图如图 3-8 所示，其中 M 是变频主轴电动机。KA11、

KA12是继电器，控制变频器正、反转信号。变频器上C、B端子为系统提供变频工作状态信息，一般接入PLC输入点，产生报警提示。模拟信号来自数控系统JA40端口。

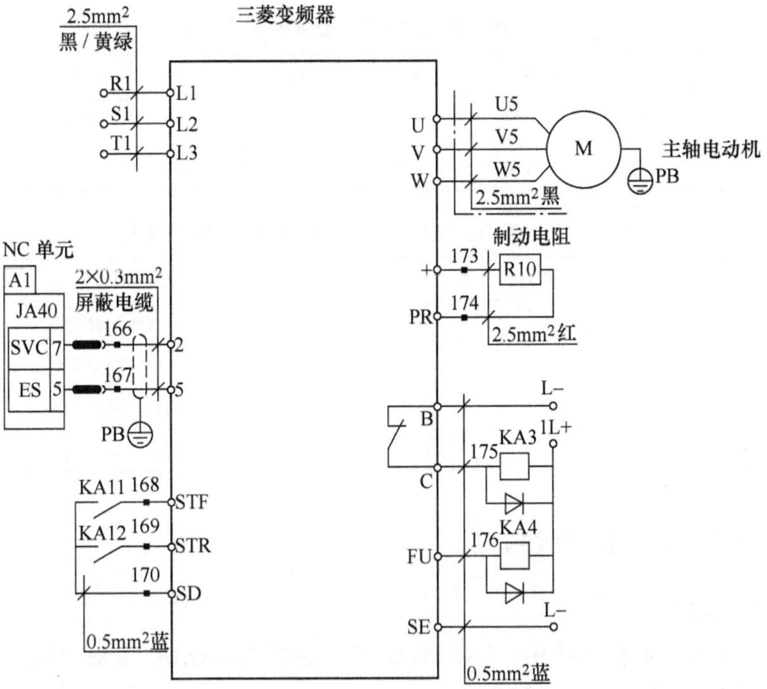

图3-8 三菱变频器数控机床主轴接线图

3. 相关参数设置

数控机床模拟主轴相关参数设置见表3-3。

表3-3 模拟主轴参数设置说明

参数	意 义	设定值
3716	适用模拟主轴	0
3717	主轴放大器号	1
3718	显示下标	80
3720	主轴脉冲编码器数	4096
3730	主轴速度模拟输出的增益调整	1000
3735	主轴电动机最低钳制速度	0
3736	主轴电动机最高钳制速度	1400
3741	主轴最大速度	1400
3772	主轴上限钳制。一般设为0，表示不钳制	0
8133#5	不使用串行主轴	1
3105#0	显示实际速度	1
3105#2	显示实际主轴速度和T代码	1
3106#5	显示主轴倍率值	1
3108#7	在当前位置显示画面和程序检查，画面上显示JOG进给速度或空运行速度	1
3708#0	检测主轴速度到达信号	1
3706#6，#7	设置主轴极性（单极性还是双极性）	—

FANUC 0i 的模拟主轴设置分为单极性主轴和双极性主轴两种情况。通过参数 3706#6、3706#7 来设置极性，见表 3-4 和表 3-5。

表 3-4　主轴参数设置说明

	#7	#6	#5	#4	#3	#2	#1	#0
3706	TCW	CWM	ORM	—	—	—	PG2	PG1
	TCW	CWM	ORM	GTT	—	—	PG2	PG1

表 3-5　TCW、CWM 为主轴速度输出时的电压极性

TCW	CWM	电压极性
0	0	M03、M04 同时为正
0	1	M03、M04 同时为负
1	0	M03 为正，M04 为负
1	1	M03 为负，M04 为正

3.2.2　数控机床串行主轴控制

1. 串行主轴认知

在 FANUC 0i 系列数控系统中，FANUC CNC 控制器与 FANUC 主轴伺服放大器之间的数据控制和信息反馈采用串行通信方式。

2. 伺服放大器认知

串行主轴使用的是专用伺服放大器直接控制伺服电动机。以 βiSVSP 伺服放大器为例，βiSVSP 伺服放大器是一体型伺服放大器，可以直接控制伺服主轴和进给轴电动机，如图 3-9 所示。

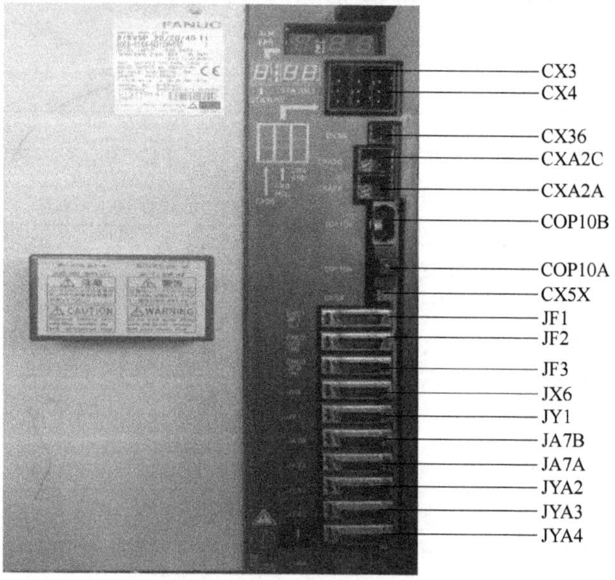

图 3-9　βiSVSP 伺服放大器

3. 相关参数设置

串行主轴设置见表 3-6。

表 3-6 串行主轴参数设置说明

参数	意　义	设定值
3716	串行主轴	1
3717	主轴放大器号	1
3718	显示下标	80
3720	主轴脉冲编码器数	4096
3730	主轴速度模拟输出的增益调整	1000
3735	主轴电动机最低钳制速度	0
3736	主轴电动机最高钳制速度	1400
3741	主轴最大速度	1400
3772	主轴上限钳制。一般设为 0，表示不钳制	0
8133#5	使用串行主轴	0
3105#0	显示实际速度	1
3105#2	显示实际主轴速度和 T 代码	1
3106#5	显示主轴倍率值	1
3108#7	在当前位置显示画面和程序检查，画面上显示 JOG 进给速度或空运行速度	1
3708#0	检测主轴速度到达信号	1
3706#6，#7	设置主轴极性（单极性还是双极性）	—

3.2.3 模拟主轴和串行主轴硬件连接

数控机床为模拟主轴和串行主轴的硬件连接参考图如图 3-10 和图 3-11 所示。

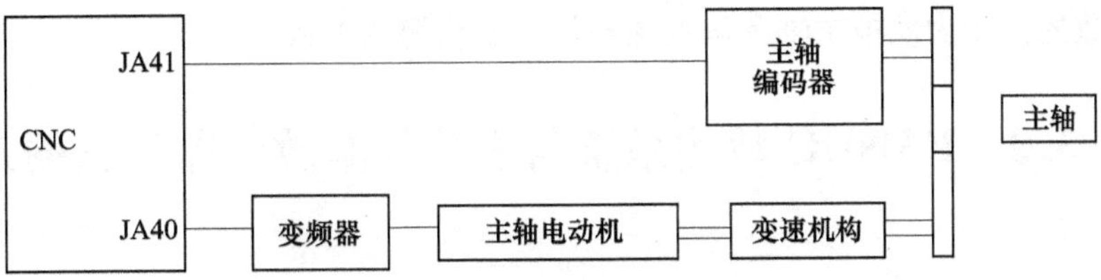

图 3-10 数控系统与模拟主轴模块连接示意图

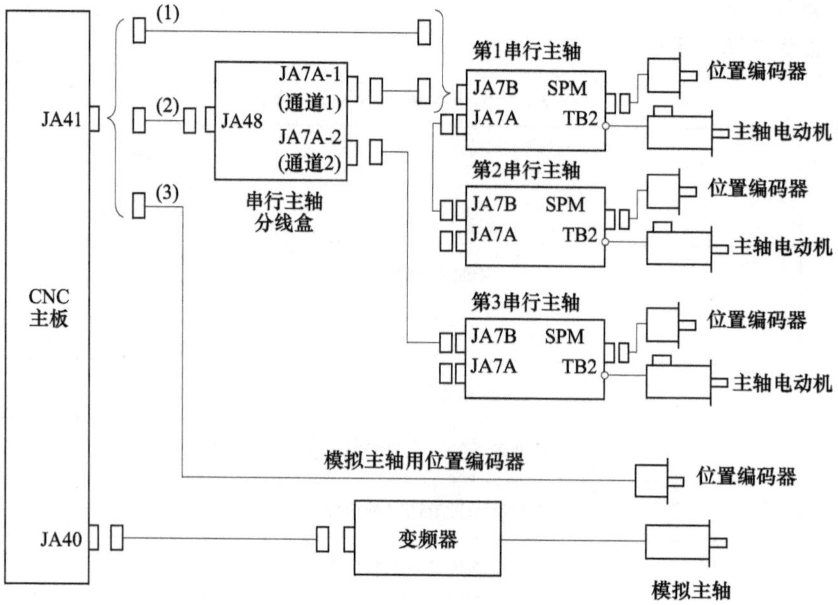

图 3-11 数控系统与串行主轴模块连接示意图

1. 模拟主轴硬件连接

当数控机床为模拟主轴时，JA41 连接的是脉冲编码器，JA40 连接的是主轴指令信号，一般接变频器，由变频器再连接到普通三相异步电动机，由外加主轴位置编码器将主轴速度反馈到数控系统的 JA41 接口。

2. 串行主轴硬件连接

当数控机床为串行主轴时，JA41 连接的是主轴指令信号，如果主轴放大器是 βiSVSP 伺服放大器，则 JA41 连接在 JA7B 接口，数控系统的 JA40 接口空着，主轴的速度反馈则连接到 βiSVSP 主轴放大器的 JYA2 接口上。

课堂训练

1. 观察数控机床上各类伺服放大器，总结其各个接口功能。
2. 调试变频器参数，控制数控机床主轴。

课后练习

1. 描述数控机床模拟主轴和串行主轴的含义。
2. 设置数控机床为模拟主轴和串行主轴需要更改哪些参数？

任务 3.3 FANUC 数控系统与进给伺服放大器硬件的连接

【知识目标】

1. 了解数控机床进给轴与 CNC 之间的硬线连接接口。
2. 了解伺服放大器的种类。

【能力目标】

1. 能够读懂数控系统进给连接图。
2. 能够根据数控系统进给连接图连接进给控制。

3.3.1 FANUC 系统伺服放大器认知

目前常用的伺服放大器有：α 系列、αi 系列、β 系列、βi 系列。无论是 αi 或 βi 的伺服，在外围连接电路都具有很多类似的地方，大致分为光缆连接、控制电源连接、主电源连接、急停信号连接、MCC 连接、主轴指令连接（指串行主轴，模拟主轴接在变频器中）、伺服电动机主电源连接、伺服电动机编码器连接。

1. βi 伺服放大器

以 βi 分体式伺服放大器为例来说明，接口外形如图 3-12 所示，接口各个功能见表 3-7。

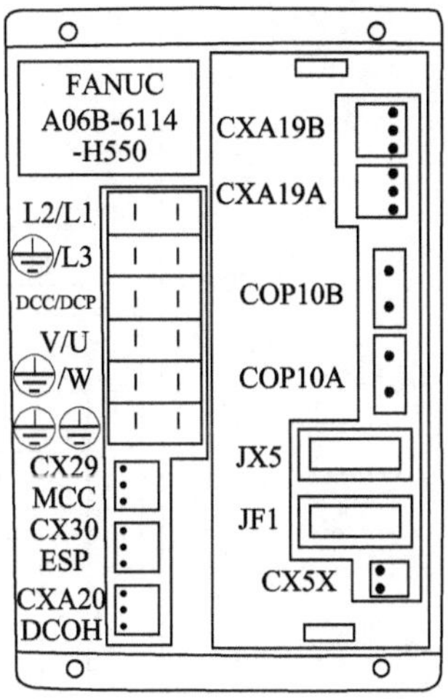

图 3-12 βi 伺服放大器接口外形图

表 3-7 βi 伺服放大器接口功能

名称	功　能
L1、L2、L3	主电源输入端接口，三相交流电源 200V、50/60Hz
U、V、W	伺服电动机的动力线接口
CX29	主电源 MCC 控制信号接口
CX30	急停信号（ESP）接口
CXA20	DC 制动电阻过热信号接口
DCC、DCP	外接 DC 制动电阻
CXA19B	DC 24V 控制电路电源输出接口，连接下一个伺服单元的 CX19A
CXA19A	DC 24V 控制电路电源输入接口，连接外部 24V 稳压电源
COP10B	伺服高速串行总线（HSSB）接口，与 CNC 系统的 COP10A 连接（光缆）
COP10A	伺服高速串行总线（HSSB）接口，与下一个伺服单元的 COP10B 连接（光缆）
JX5	伺服检测板信号接口
JF1	伺服电动机内装编码器信号接口
CX5X	伺服电动机编码器为绝对编码器的电池接口
⏚	接地

2. βiSVSP 伺服放大器

βiSVSP 伺服放大器是组合式伺服放大器，βiSVSP 伺服放大器连接示意图如图 3-13 所示，其各个接口含义见表 3-8 所示。

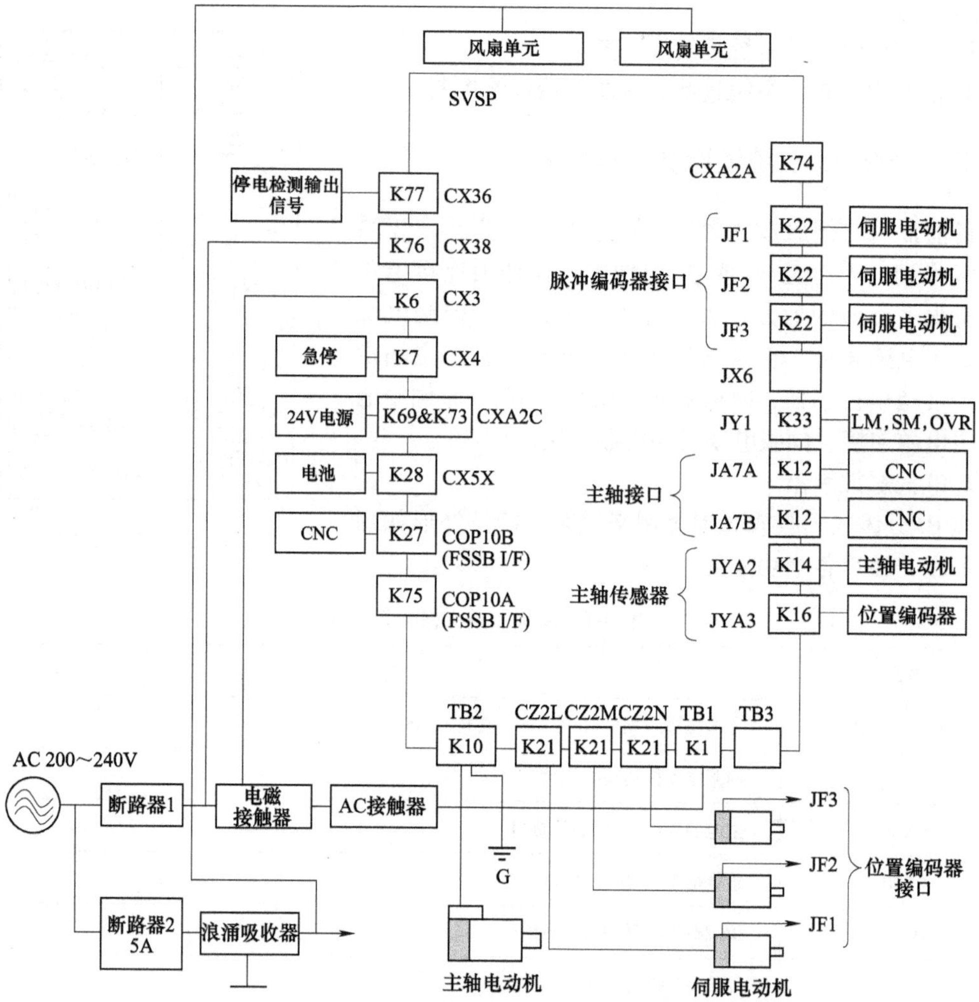

图 3-13　βiSVSP 伺服放大器连接示意图

表 3-8　βiSVSP 伺服放大器接口

序号	名称	含　义
1	状态 1	状态 LED：主轴
2	状态 2	状态 LED：伺服
3	CX3	主电源 MCC 控制信号
4	CX4	急停信号（ESP）
5	CXA2C	DC 24V 电源输入
6	COP10B	伺服 FSSBI/F
7	CX5X	绝对脉冲编码器电池
8	JF1	脉冲编码器：L 轴

（续）

序号	名称	含 义
9	JF2	脉冲编码器：M 轴
10	JF3	脉冲编码器：N 轴
11	JX6	后备电源模块
12	JY1	负载表、速度表模拟倍率
13	JA7B	主轴接口输入
14	JA7A	主轴接口输出
15	JYA2	主轴传感器：Mi. Mzi
16	JYA3	α 位置编码器，外部一转信号
17	JYA4	（未使用）

3.3.2 进给伺服放大器的连接

1. 光缆连接（FSSB 总线）

FANUC 系统的 FSSB 总线采用光缆通信，在硬件连接方面，遵循从 A 到 B 的规律，即 COP10A 为总线输出，COP10B 为总线输入，连接图如图 3-14 所示，需要注意的是光缆在任何情况下都不能硬折，以免损坏。

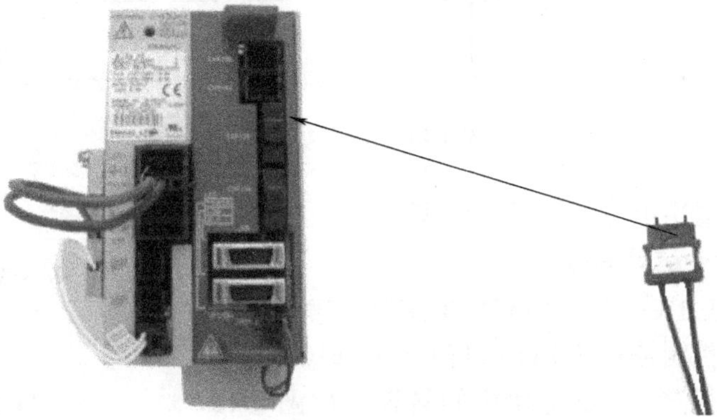

图 3-14 伺服放大器光缆连接

2. 控制电源连接

控制电源采用 DC 24V 电源，主要用于伺服控制电路的电源供电。在上电顺序中，推荐优先系统通电，如图 3-15 所示。

3. 主电源连接

主电源用于伺服电动机动力电源的变换，其连接图如 3-16 所示。

4. 急停与 MCC 连接

该部分主要用于对伺服主电源的控制与伺服放大器的保护，如发生报警、急停等情况下

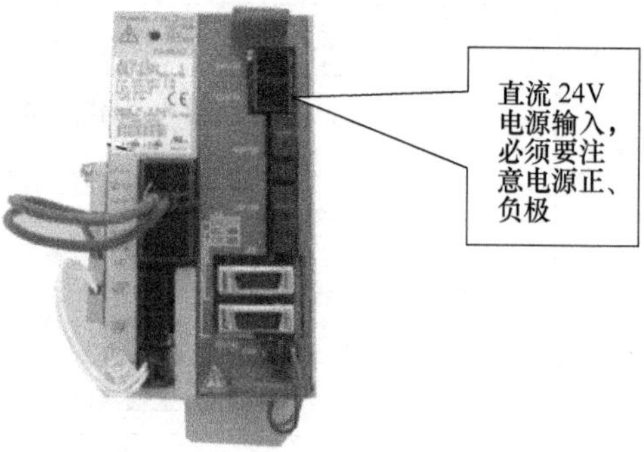

伺服放大器电源接口

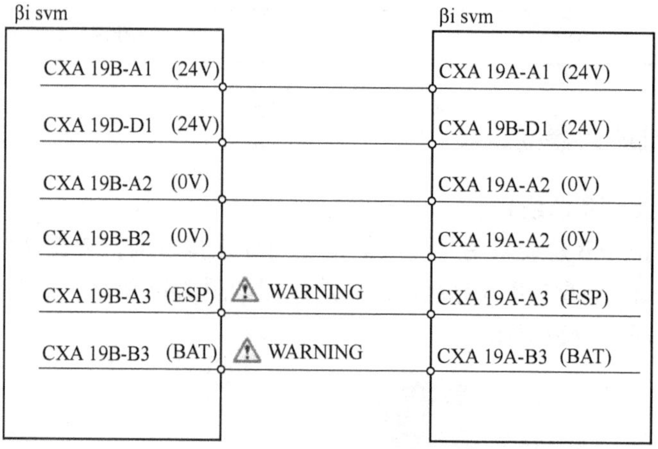

图 3-15　控制电源连接

能够切断伺服放大器主电源，如图 3-17 所示。

5. 主轴速度指令信号连接

FANUC 系统的主要控制类型有模拟主轴与串行主轴两种，模拟主轴的控制是系统 JA40 口输出 0～±10V 的电压给变频器，从而控制主轴电动机的转速，如图 3-18 所示。

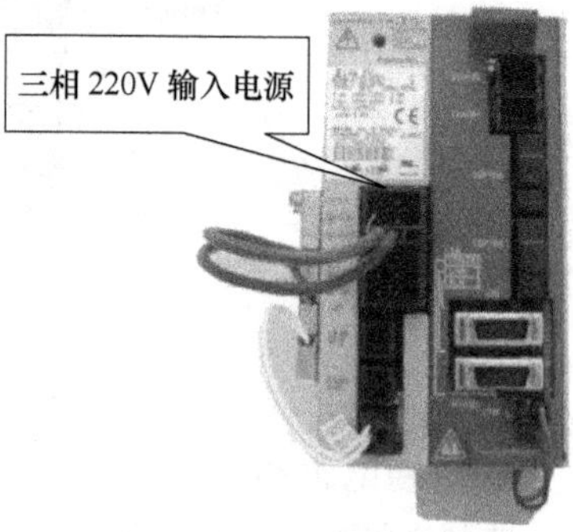

图 3-16　主电源连接

6. 伺服电动机动力线电源连接

主要包含伺服电动机与伺服进给动力电源线，伺服主轴电动机的动力电源采用连接端子的方式连接，伺服进给电动机的动力电源采用接插件连接，伺服电动机动力电源的连接如图 3-19 所示，在连接过程中，一定要注意保证相序的正确。

7. 伺服电动机反馈的连接

主要包含伺服进给电动机的反馈连接，伺服进给电动机的反馈接口为 JF1，具体连接如图 3-20 所示。

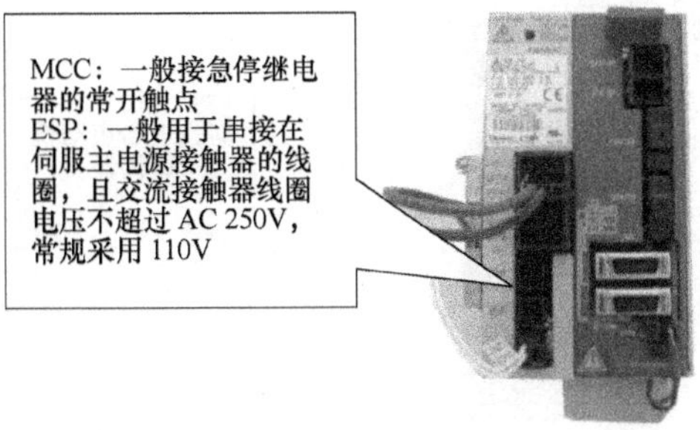

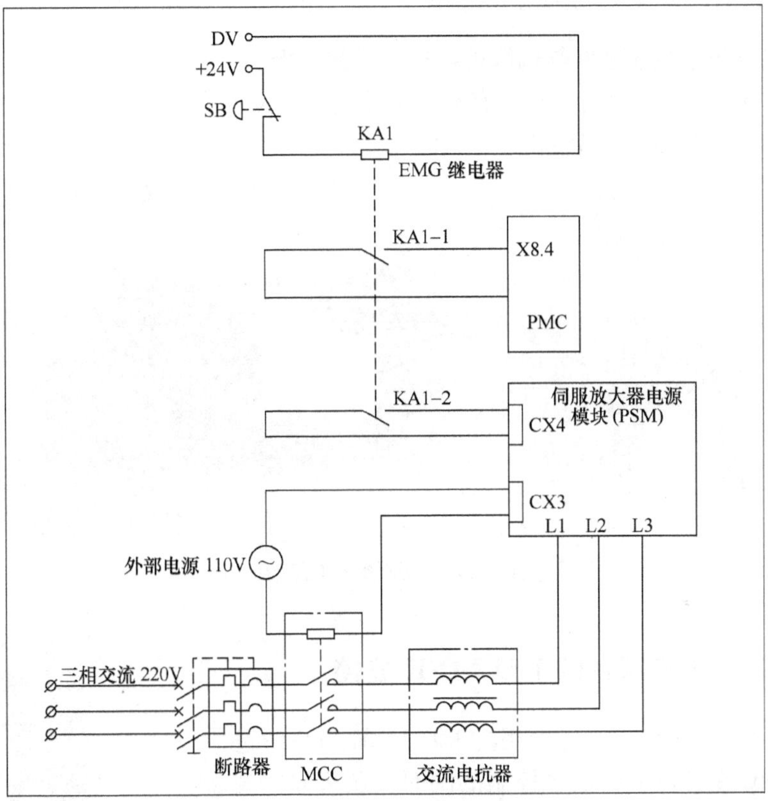

图 3-17 急停与 MCC 连接电路图

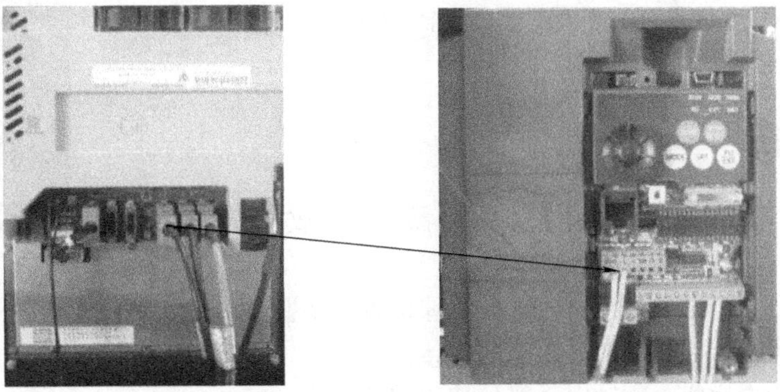

图 3-18 主轴指令线的连接

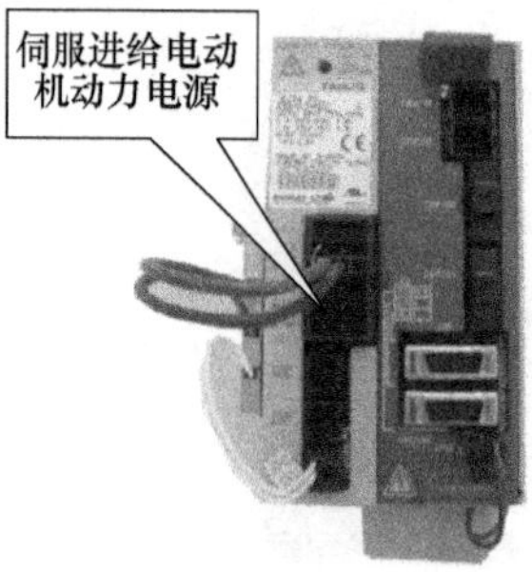

图 3-19　伺服电动机动力电源的连接

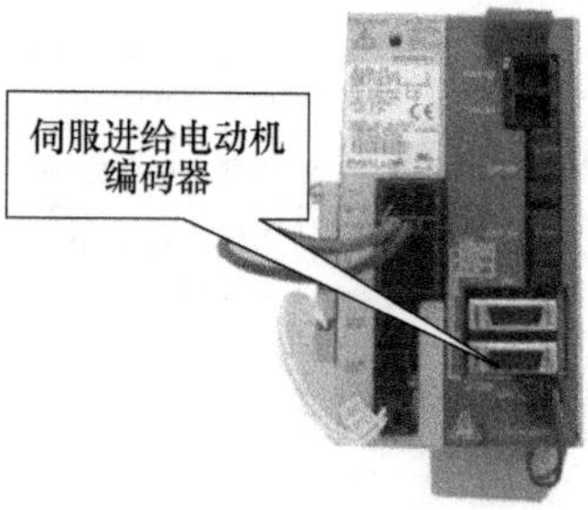

图 3-20　伺服电动机反馈的连接

8. 伺服主轴电动机的连线与伺服进给电动机的连接

伺服主轴电动机接线盒内不仅含有动力电源端子、编码器接口，还有伺服主轴电动机风扇接口。连接时的注意事项如图 3-21 所示。

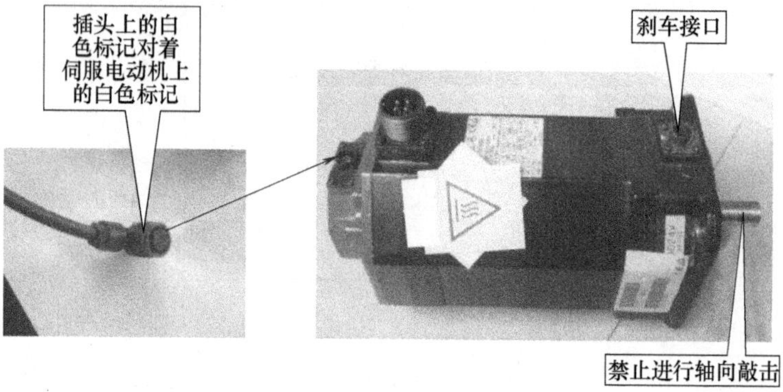

图 3-21　伺服电动机连接

3.3.3　FANUC 数控系统的 I/O LINK 连接

FANUC 系统的 PMC 是通过专用的 I/O LINK 与系统进行通信的，PMC 在进行 I/O 信号控制的同时，还可以实现手轮与 I/O LINK 轴的控制，但外围的连接却很简单，且很有规律，同样是从 A 到 B，系统侧的 JD51A（0i C 系统为 JD1A）接到 I/O 模块的 JD1B，JA3 可以连接手轮，如图 3-22所示。

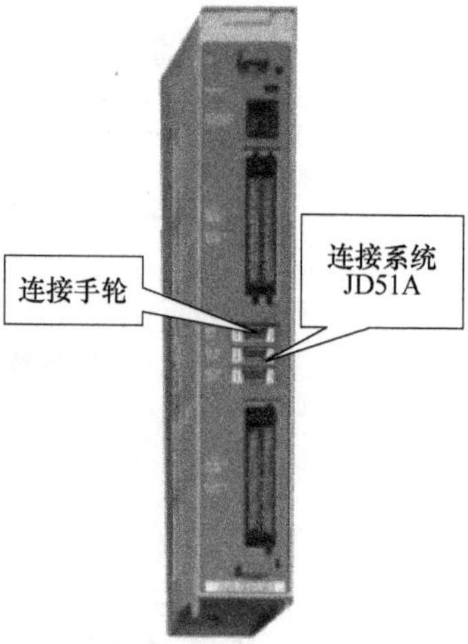

图 3-22　I/O 模块

课堂训练

1. 完成系统、*X* 轴放大器、*Y* 轴放大器、*Z* 轴放大器的 FSSB 总线的连接。
2. 完成 I/O LINK 的连接，体会从 A 到 B 的连接规律。
3. 完成放大器、系统等部分电源的连接。
4. 完成伺服电动机、主轴电动机、编码器的连接。

5. 在不确定连接是否正确的情况下，不可给机床供电，以防机床发生意外。

6. 不可在带电的情况下对机床各个接口进行插拔，防止操作事故的发生以及机床出现故障。

7. 通电情况下不可触碰端口，以免发生事故。

课后练习

1. 总结伺服放大器的种类和功能。
2. 分析急停控制的原理。

任务 3.4 FANUC I/O 模块和模块地址设定

【知识目标】

1. 熟悉 FANUC 系统常用的 I/O 装置。
2. 熟悉 FANUC 典型 I/O 模块硬件连接中组、座、槽的概念。
3. 了解 I/O LINK 串行总线通过 I/O 模块与 CNC 系统通信的方式。

【能力目标】

1. 掌握 FANUC 典型 I/O 模块硬件连接方法
2. 掌握 FANUC 典型 I/O 模块地址分配方法。

3.4.1 FANUC 系统常用的 I/O 装置

在 FANUC 系统常用 I/O 单元的种类很多，见表 3-9。

表 3-9 FANUC 系统常用的 I/O 装置

装置名	说 明	手轮连接	信号点输入输出
0i 系统的 I/O 单元模块	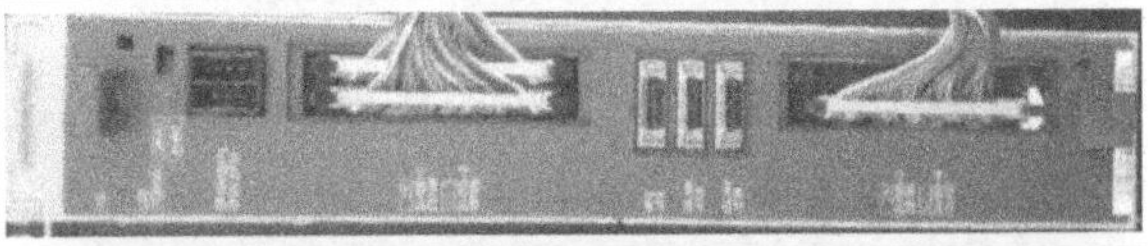	有	96/64
机床操作面板模块		有	96/64
操作盘 I/O 模块		有	48/32

（续）

装置名	说　明	手轮连接	信号点输入输出
分线盘 I/O 模块		有	96/64
FANUC I/O Unit A/B		无	最大 256/256
I/O LINK 轴		无	128/128

3.4.2　FANUC I/O 单元的连接

FANUC I/O LINK 是一个串行接口，它将 CNC、单元控制器、分布式 I/O、机床操作面板或 Power Mate 连接起来，并在各设备间高速传送 I/O 信号（位数据）。

当连接多个设备时，FANUC I/O LINK 将一个设备作为主单元，其他设备作为子单元。子单元的输入信号每隔一定周期送到主单元，主单元的输出信号也每隔一定周期送至子单元。子单元分为若干个组，一个 I/O LINK 最多可连接 16 组子单元。根据单元的类型以及 I/O 点数的不同，I/O LINK 的连接方式也不同。I/O LINK 的两个插座分别叫作 JD1A 和 JD1B，对所有单元来说是通用的。电缆总是从一个单元的 JD1A 到下一单元的 JD1B，这样最后一个单元就是空着的，无须连接终端插头。对于 I/O LINK 中的所有单元来说，JD1A 和 JD1B 的引脚分配都是一致的，不管单元的类型如何，都按照如图 3-23 所示来连接 I/O LINK。

组：系统的 JD1A 到 I/O 单元的 JD1B，I/O 单元的 JD1A 到下一单元的 JD1B，形成串行通信。每个从属的 I/O 单元就是一个组，组的顺序以离系统的连线顺序依次定义为 0，1，…，n（≤15）。

座：对于特殊模块 I/O Unit 来说，在一个组中可以连接扩展单元。因此，对于基本模块和扩展模块可以分别定义为 0 座、1 座，对于其他的通用 I/O 模块来说都是默认的 0 座。

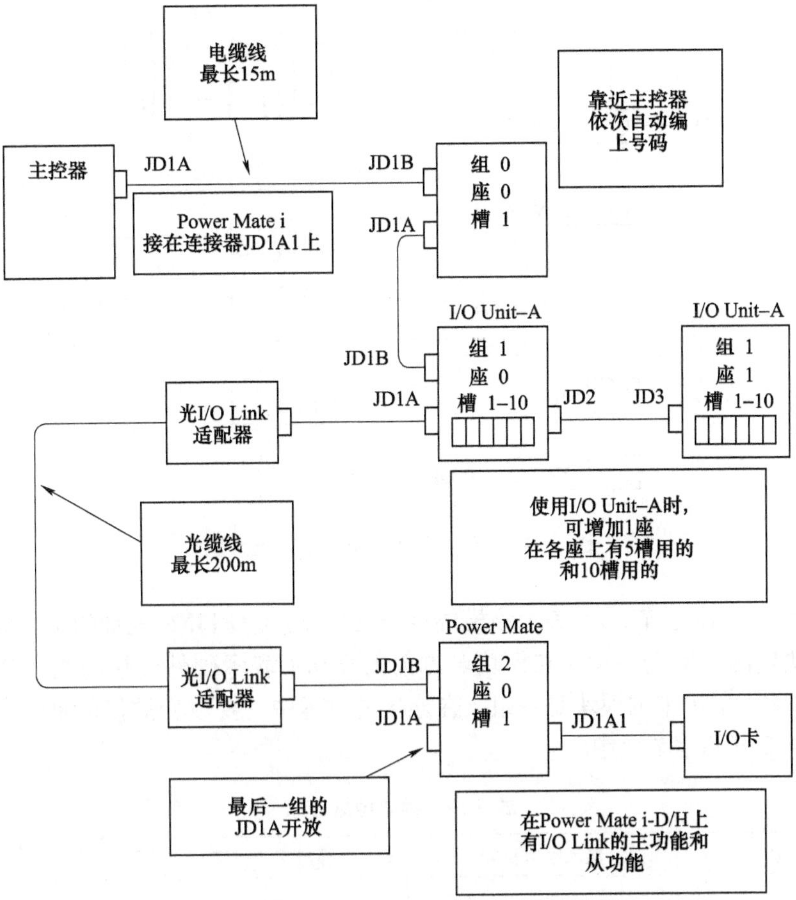

图 3-23 I/O Link 连接图

槽：对于特殊模块的 I/O Unit 来说，在每个座上都有相应的模块插槽，定义时要分别以安装插槽的顺序 1，2，…，10 来定义每个插槽的物理位置。

3.4.3 I/O 地址的分配

在 FANUC 0iD/0i MateD 系统中，由于 I/O 点、手轮脉冲信号都连在 I/O LINK 上，如图 3-24 所示，所以在 PMC 梯形图编辑之前都要进行 I/O 模块的设置（地址分配），同时也要考虑到手轮的连接位置。

1）FANUC 0iD 系统 I/O 模块的分配很自由，但有一个规则，即连接手轮的手轮模块必须为 16 字节，且手轮连在离系统最近的一个 16 字节大小的模块，即 JA3A 的接口上。对于此 16 字节模块（Xm+0）～（Xm+11）用于输入点（m 为该 I/O 模块的起始地址），即使实际上没有那么多点，但是为了连接手轮也需要如此分配，（Xm+12）～（Xm+14）用于 3 个手轮的输入信号。当只连接一个手轮时，旋转手轮可以看到 Xm+12 中的信号在变化。Xm+15 用于输入信号的报警。

2）各 I/O Link 模块都有一个独立的名字，在进行地址设定时，不仅需要指定地址，还需要指定硬件模块的名字，OC02I 为模块的名字，它表示该模块的大小为 16 字节，OC01I

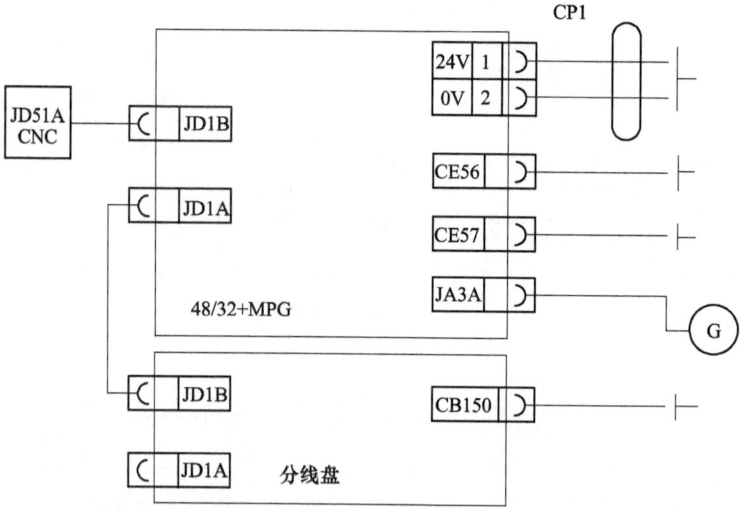

图 3-24 CNC、I/O 模块、手轮连接图

表示模块的大小为 12 字节，/8 表示该模块有 8 个字节，I/O LINK 地址的字节数是靠 I/O 单元的名称所决定的，见表 3-10。在模块名称前的 0.0.1 表示硬件连接的组、基板、槽的位置。从一个 JD1A 引出来的模块是一组，在连接的过程中，要改变的仅仅是组号，靠近系统的模块数字从 0 开始逐渐递增。

表 3-10 模块地址分布

模块名称	输入字节长度	输出字节长度	模块种类
OC01I	12	—	分线盘用连接装置； 机床操作面板接口装置； CNC 装置
OC01O	—	8	
OC02I	16	—	
OC02O	—	16	
OC03I	32	—	
OC03O	—	32	
/n	n	—	特殊模块
/n	—	n	
CM16I	16	—	分线盘 I/O 模块
CM08O	—	8	
根据模块上名称设定	—	—	I/O Unit-A
#n	n	n	I/O Unit-B
FS04A	4	4	Power Mate
FS08A	8	8	

3）原则上 I/O 模块的地址可以在规定范围内任意处定义，但是为了机床的梯形图统一管理，最好按照以上推荐的标准定义。注意：一旦定义了起始地址（m），那么就代表着该模块的内部地址已经分配完毕了。

4）在模块分配完毕后，要注意保存，在机床下次通电时，分配的地址才能生效。同时注意模块要优先于系统通电，否则系统通电将无法检测到该模块。

5）地址设定的操作可以在数控系统画面上完成，也可以在 FANUC LADDER Ⅲ软件中完成，如图 3-25 所示，FANUC 0i D 的梯形图编辑必须在 FANUC LADDER Ⅲ5.7 或以上版本才可以进行。

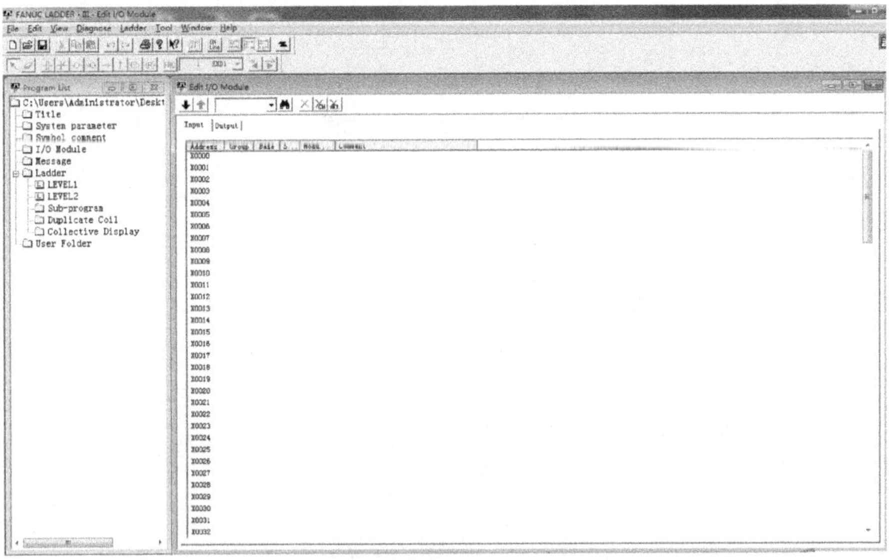

图 3-25　FANUC LADDER Ⅲ　I/O LINK 设置

FANUC 的手轮是通过 I/O 单元连接到系统上的，当设定连接手轮的模块名称时，一定要设定成 16 个字节，后 4 个字节中的前 3 个字节分别对应 3 个手轮的输入界面，当摇动手轮时可以观察到所对的一个字节中有数值的变化，所以应用此画面可以判断手轮的硬件和接口的好坏。另外，当有不同 I/O 模块设定了 16 个字节后，通常情况下只有连接到第一组的手轮有效（作为第一手轮时，FANUC 最多可连接 3 个手轮），当需要更改到其他的后续模块时，可通过相关参数设定。

3.4.4　I/O 模块输入/输出的连接

当进行输入/输出信号的连接时，要注意系统 I/O 连接有两种情况，按电流的流动方向不同可分为源型（局部）输入/输出和漏型（局部）输入/输出，使用哪种连接的方式由 DICOM/DOCOM 输入和输出的公共端来决定。

1. 漏型输入

做漏型输入使用时，把 DICOM 端子与 0V 端子相连接，+24V 也可由外部电源供给，如图 3-26 所示。

2. 源型输入

做源型输入使用时，把 DICOM 端子与 24V 端子相连接，如图 3-27 所示。

通常情况下，当使用分线盘灯 I/O 模块时，局部可选择一组 8 点信号连接成漏型和源型输入通过 DICOM 端。原则上建议采用漏型输入（即+24V 开关量输入），以避免信号端接地

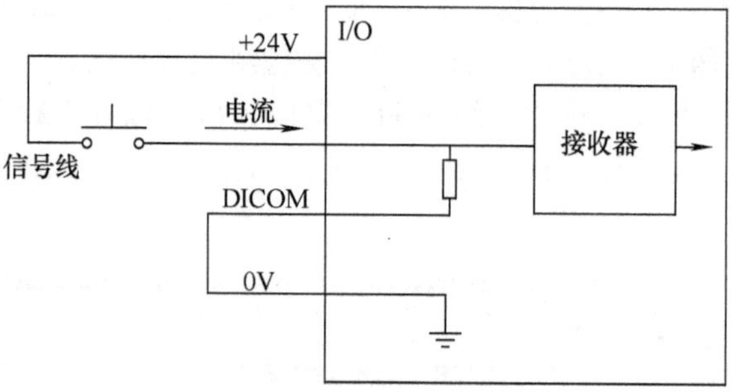

图 3-26　漏型输入示意图

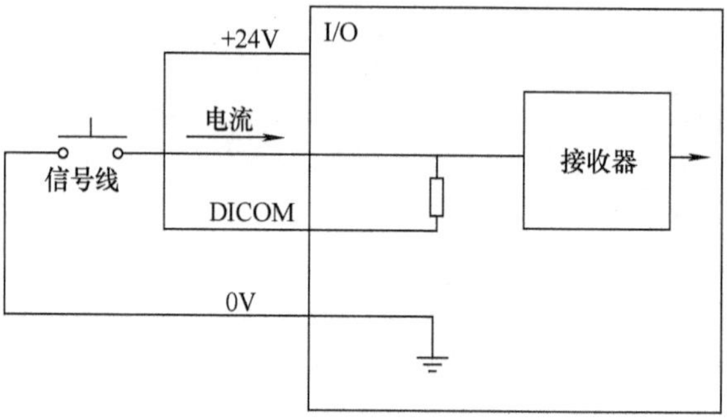

图 3-27　源型输入示意图

的误动作。

3. 源型输出

把驱动负载的电源接在印制电路板的 DOCOM 上（因为电流从印制电路板上流出，所以称为源型），如图 3-28 所示。

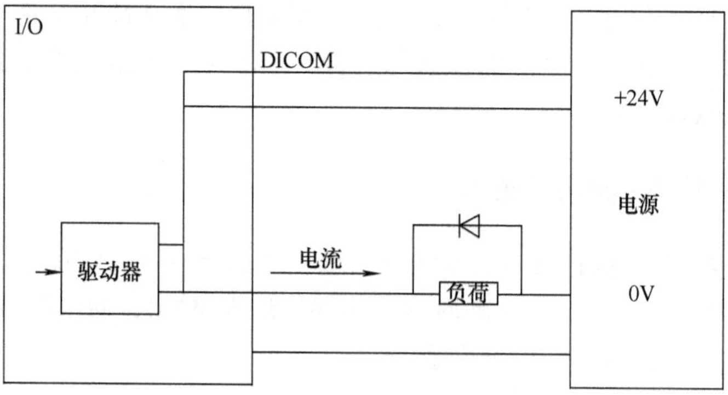

图 3-28　源型输出示意图

4. 漏型输出

PMC 接通输出信号（Y）时，印制电路板内的驱动电路立即动作，输出端子变为 0V（因为电流是流入印制电路板上的，所以称为漏型），如图 3-29 所示。

当使用分线盘等 I/O 模块时，输出方式可全部采用源型输出和漏型输出通过 DOCOM 端，不过为了安全起见推荐使用源型输出（即+24V）输出，同时在连接时注意续流二极管

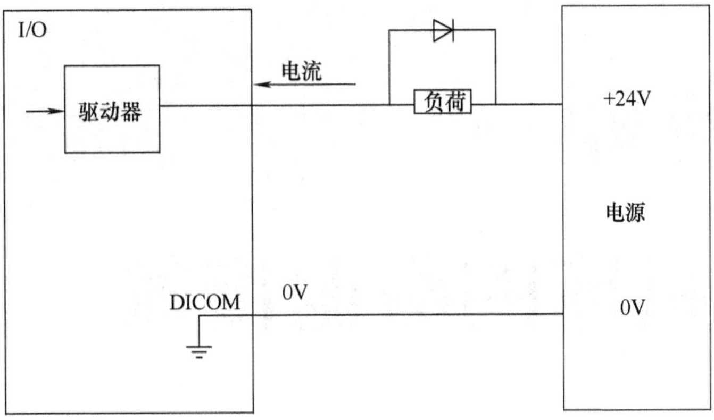

图 3-29 漏型输出示意图

的极性，以免造成输出短路。

课堂训练

1. 熟悉 I/O 模块接口说明。
2. 根据数控机床系统硬件连接图，熟悉数控系统硬线连接。
3. 设置 I/O 模块的地址分配。

课后练习

以数控系统为核心，绘制数控机床硬线连接图。

项目 4

数控机床的数据传输

任务 4.1　使用存储卡进行数据备份与回装

【知识目标】

1. 掌握 FANUC 0i D 系统数据的类型和存储位置。
2. 掌握 FANUC 0i D 系统数据的备份和还原相关参数。

【能力目标】

1. 能够正确设置机床参数并利用存储卡通过 BOOT 引导界面进行备份和还原。
2. 能够正确设置机床参数并利用存储卡在系统正常启动后进行数据备份和还原。

4.1.1　存储卡的认知

1. 存储卡

SRAM 是英文 Static RAM 的缩写，它是一种具有静止存取功能的内存，不需要刷新电路即能保存它内部存储的数据。

FLASH ROM 闪存（Flash Memory）是一种长寿命的非易失性（在断电情况下仍能保持所存储的数据信息）的存储器。

数据备份时所用到的存储卡、卡套及读卡器如图 4-1 所示。

图 4-1　存储卡、卡套及读卡器实物图

2. 数控机床数据类型及存储位置

数控机床的数据类型和存储位置见表 4-1。

表 4-1 数据类型和存储位置

数据类型	存储位置	备注
CNC 参数	SRAM	机床厂家提供
PMC 参数	SRAM	机床厂家提供
顺序程序	FLASH ROM	机床厂家提供
螺距误差补偿量	SRAM	机床厂家提供
加工程序	SRAM	
刀具补偿量	SRAM	
用户宏变量	SRAM	
宏 P-CODE 程序	FLASH ROM	宏执行器
宏 P-CODE 变量	SRAM	宏执行器
C 语言执行器应用程序	FLASH ROM	C 语言执行器
SRAM 变量	SRAM	C 语言执行器

4.1.2 操作过程

1. 通过 BOOT 画面备份与恢复

存储卡数据输入/输出的内容如下。

1）静态存储器 SRAM 数据的备份。

2）静态存储器 SRAM 数据的回装。

3）闪存 FROM 文件的备份（如机床 PMC 程序等）。

4）闪存 FROM 的文件的回装。

注意：存储卡备份数据是以机器码打包的形式传出的，不能通过计算机进行数据的编辑和修改。

（1）FROM 中的数据备份步骤（以 PMC 的备份为例）

1）插存储卡。

2）按数控系统电源键，同时按下右扩展键及其相邻软键，如图 4-2 所示，直至出现引导系统（BOOT SYSTEM）画面，如图 4-3 所示。

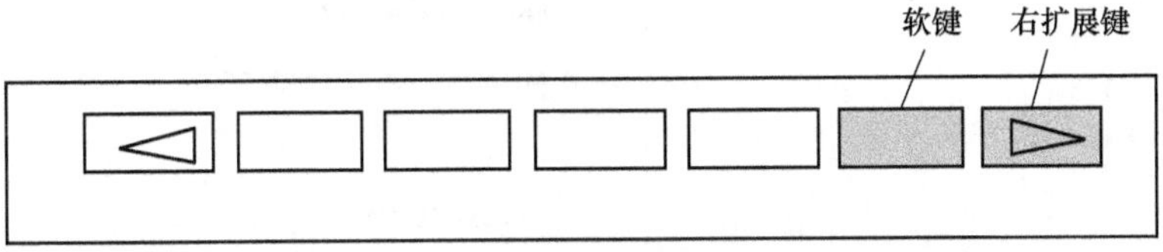

图 4-2 数控系统启动时需按下的两个键

boot 模式机床参数备份与恢复

3）移动光标至“6. SYSTEM DATA SAVE”，按［SELECT］软键。

4）按软键［UP］或［DOWN］，把光标移到需要存储的文件名字 PMC1 _ LAD. 000 上，

```
SYSTEM MONITOR MAIN MENU                    60W3-06

1.END
2.USER DATA LOADING
3.SYSTEM DATA LOADING
4.SYSTEM DATA CHECK
5.SYSTEM DATA DELETE
6. SYSTEM DATA SAVE
7.SRAM DATA SAVE
8.MEMORY CARD FORMAT

***MESSAGE***
SELECT MENU AND HIT SELECT KEY.
[SELECT][  YES  ][  NO  ][  UP  ][ DOWN ]
```

图 4-3　系统引导画面

注：1 为结束；2 为用户数据载入；3 为系统数据的加载；4 为系统数据的检查；5 为系统数据的删除；6 为系统数据的保存；7 为 SRAM 数据交换；8 为格式化存储卡。

如图 4-4 所示，按［SELECT］系统显示确认信息，按［YES］开始存储。PMC 程序传入存储卡内，备份完成。

（2）SRAM 中的数据恢复（以 PMC 的恢复为例）

按软键［UP］或［DOWN］，移动光标使其选择“2. USER DATA LOADING”，如图 4-5 所示，按［SELECT］进入，选取要导入的 PMC，按［SELECT］确认完成 PMC 的恢复。

```
USER DATA LOADING
MEMORY CARD DIRECTORY  (FREE [MB]:  1915)
 1 PMC1_LAD.000   131200 2016-11-02  14:22
 2 9001              225 2016-11-02  14:24
 3 CNC-PARA.TXT   118629 2016-11-02  14:24
 4 PMC1_PRM.000   159973 2016-11-02  14:25
 5 END

*** MESSAGE ***
SELECT FILE AND HIT SELECT KEY.
 [SELECT] [ YES ] [ NO ] [ UP ] [ DOWN ]
```

图 4-4　SRAM 备份画面

```
1. END
2. USER DATA LOADING
3. SYSTEM DATA LOADING
4. SYSTEM DATA CHECK
5. SYSTEM DATA DELETE
6. SYSTEM DATA SAVE
7. SRAM DATA SAVE
8. MEMORY CARD FORMAT

*** MESSAGE ***
SELECT MENU AND HIT SELECT KEY.
[SELECT] [ YES ] [ NO ] [ UP ] [DOWN]
```

图 4-5　选中“2. USER DATA LOADING”的画面

2. 存储卡分区数据备份与恢复

（1）输入/输出数据种类以及参数设定

输入/输出数据通道的选择，其格式如下：

0020	输入/输出接口设备选择

0：选择通道 1（RS232C 串行端口 1，即连接到主板 JD36A）。

1：选择通道 1（RS232C 串行端口 1，即连接到主板 JD36A）。

2：选择通道 1（RS232C 串行端口 1，即连接到主板 JD36B）。

4：选择 PCMCIA 卡。

5：选择快速以太网板接口。

9：选择内嵌式以太网接口。

17：U 盘接口。

若将参数“20#”设定为 4，则表示通过 M-CARD 进行数据交换。

（2）数据代码输出格式

	#7	#6	#5	#4	#3	#2	#1	#0
0000								

注意：当需要设定参数“#1”时，若#1=0，则表示 EIA 代码；若#1=1，则表示 ISO 代码。

（3）在编辑方式下选择要传输的相关数据的画面（以参数为例）

1）系统参数输出操作步骤。

①确定输出设备已经准备好，通过参数指定输出代码（ISO 或 EIA）。

②在机床操作面板上选择方式为“EDIT(编辑)”。

③依次按下功能键［系统］和软键［参数］，出现参数画面，如图 4-6 所示。

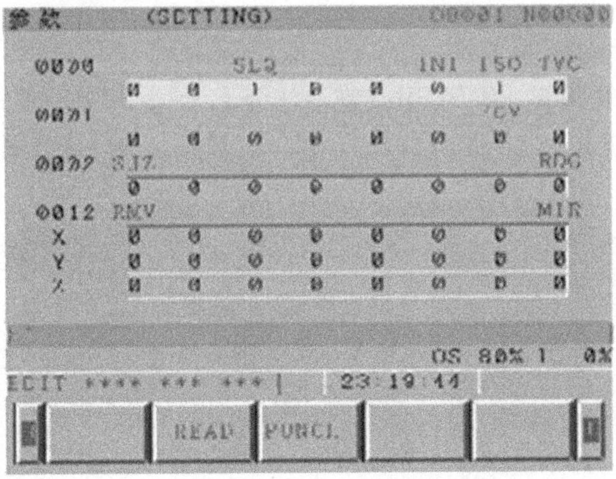

图 4-6 系统数据传输画面

2）参数备份与回装。

①备份。按下操作面板［SYSTEM］键→［操作］软键→按两下［+］软键→按［F 输出］软键→按［全部］或［样品］软键，如图 4-7 所示。

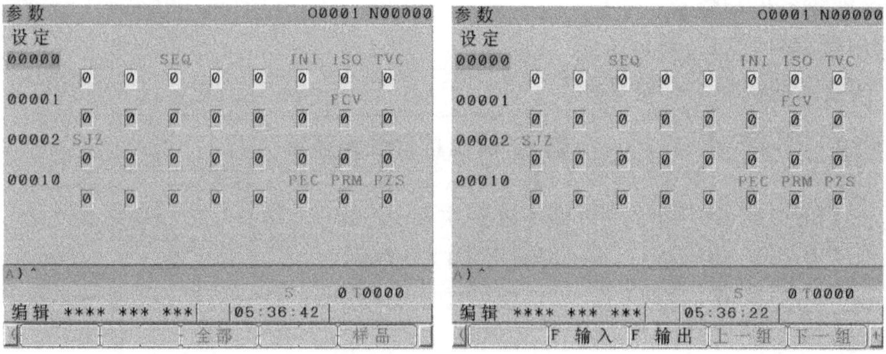

分区参数备份与恢复

图 4-7　CNC 参数的输出

②回装。按下操作面板［SYSTEM］键→［操作］软键→按两下［+］软键→按［F 输入］软键→按［执行］软键，如图 4-8 所示。

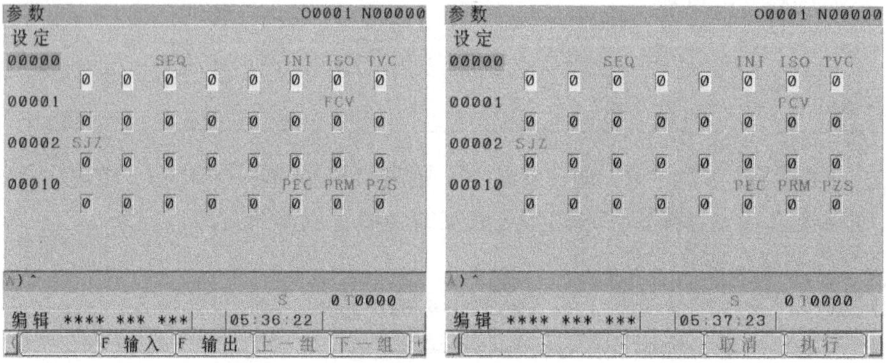

图 4-8　CNC 参数的输入

3）梯形图备份与回装。

①备份。按下操作面板［SYSTEM］键→按两下［+］软键→选择［PMCMNT］键→［I/O］，选择［储存卡］→［写顺序程序］，按下［操作］→［文件名］→［执行］，如图 4-9 所示。

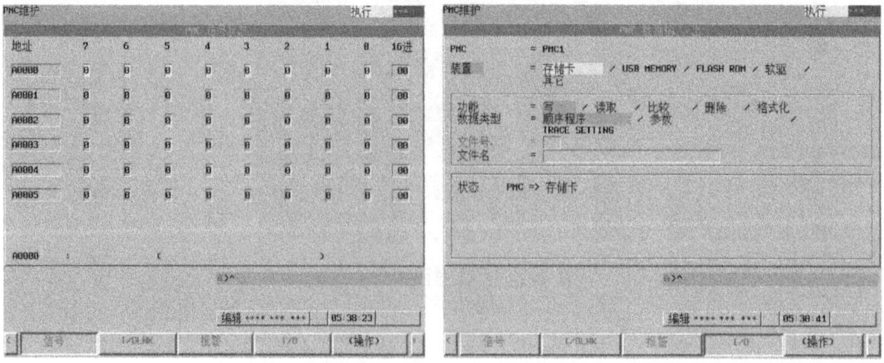

梯形图与梯形图参数备份与恢复

图 4-9　PMC 参数和 PMC 程序的输出

②回装。按下操作面板［SYSTEM］→按两下［+］软键→选择［PMCMNT］→［I/O］，选择［储存卡］→［读取］，按下［操作］软键→［列表］→［选择文件］→［执行］，选择［FLASH. KOM］→［写顺序程序］，如图 4-10 所示。

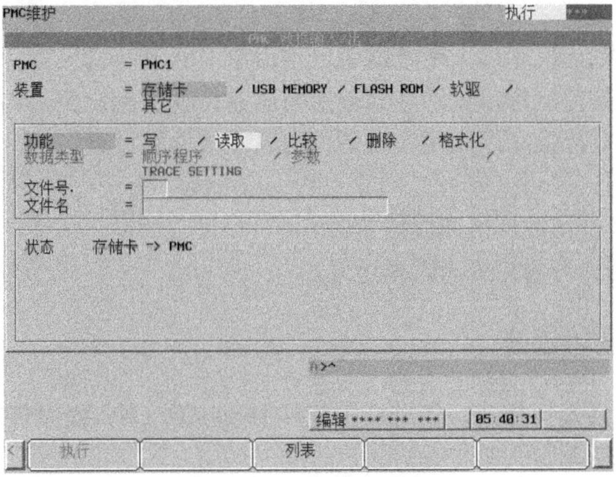

图 4-10 PMC 的回装

按下［操作］→［执行］，按下操作面板［SYSTEM］键→选择［PMLCNF］→［PMCST］→［启动］→［是］，如图 4-11 所示。

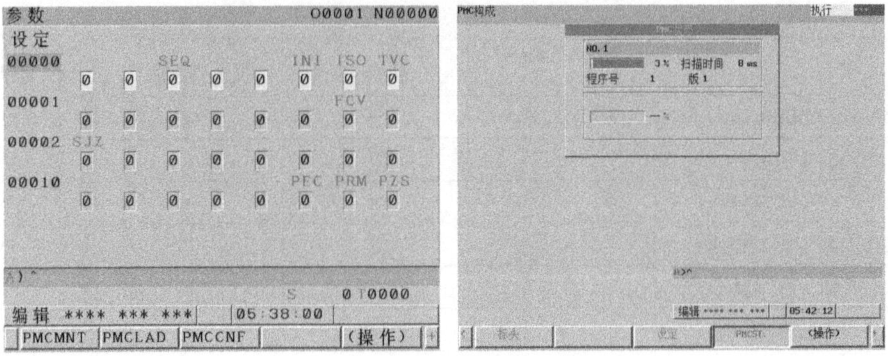

图 4-11 PMC 参数和 PMC 程序的输入

课堂训练

利用现场提供的存储卡，对数控机床进行以下数据的备份和还原。

1）数控系统的参数。

2）数控机床 PMC 参数。

3）数控机床 PMC 程序。

课后练习

1. 总结利用存储卡进行数控机床系统参数数据的备份和还原的步骤。
2. 总结利用存储卡进行数控机床 PMC 参数数据的备份和还原的步骤。

任务 4.2 通过以太网方式进行数据备份与恢复

【知识目标】

1. 掌握 FANUC 数控机床以太网数据备份与还原 CNC 侧设置。
2. 掌握 FANUC 数控机床以太网数据备份与还原计算机侧设置。
3. 掌握 FANUC 数控机床以太网数据备份与还原软件侧设置。

【能力目标】

1. 能利用以太网进行数控机床数据备份。
2. 能利用以太网进行数控机床数据还原。

4.2.1 以太网的连接设定

将计算机与以太网接口相连，借助相关软件可以实现 CNC 程序传输、PMC 程序和参数的备份和恢复、机床的调整和维护等。

PMCCIA 网卡即用即插，用于临时用途，如调试梯形图、调试机床进给伺服特性和主轴特性等，可以灵活地与网络集成。各种网卡的用途见表 4-2。

表 4-2 部分网卡的用途网络接口

功能项目	网络接口			
	PMCCIA 网卡	内嵌以太网（仅 0i D）	快速以太网（选择功能）	数据服务器（选择功能）
FANUC LADDER Ⅲ	√	√	√	√
SERVO GUIDE	√	√	√	√
FTP 文件传输（PC 端操作）	×	×	×	√
FTP 文件传输（NC 端操作）	√	√	×	√
DNC 文件传输（PC 端操作）	×	×	×	√
DNC 文件传输（NC 端操作）	×	×	×	√
基本操作软件包 2	√	√	√	√
CNC 画面显示功能	×	×	√	√
FANUC 程序传输	×	√	√	√
基于 FOCAS2 开发软件	√	√	√	√

1. 数控系统侧的设定

FANUC 数控系统的以太网功能主要通过 TCP/IP 协议实现，使用的时候在数控系统中只需设定 CNC 的 IP、TCP 和 UDP 端口等信息即可。设置 CNC 端的具体操作方法如下所述。

1）将参数 20 设为“0”或“9”。

2）将旋钮打到 DNC 模式。

3）按下操作面板［SYSTEM］后，扩展显示“内嵌”菜单和“PCMCIA”菜单，如图 4-12 所示。

分别按下［内嵌］和［PCMCIA］两个软键，都会出现［公共］、［FOCAS2］、［FTP 传

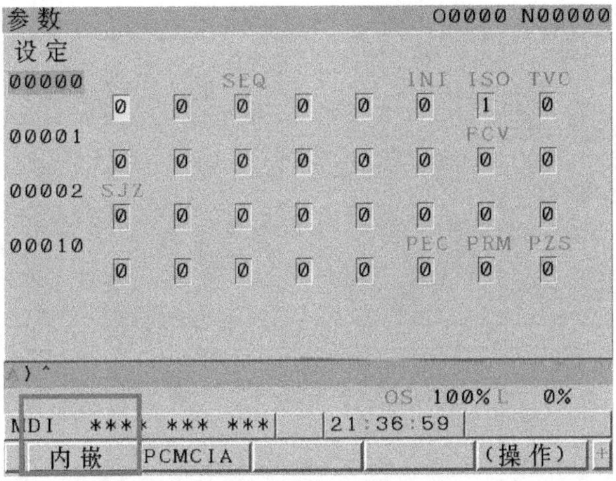

图 4-12 “内嵌”菜单和“PCMCIA”菜单

送］软键，两套参数是相互独立的。按下［内嵌］，按［公共］软键出现的界面如图 4-13 所示。

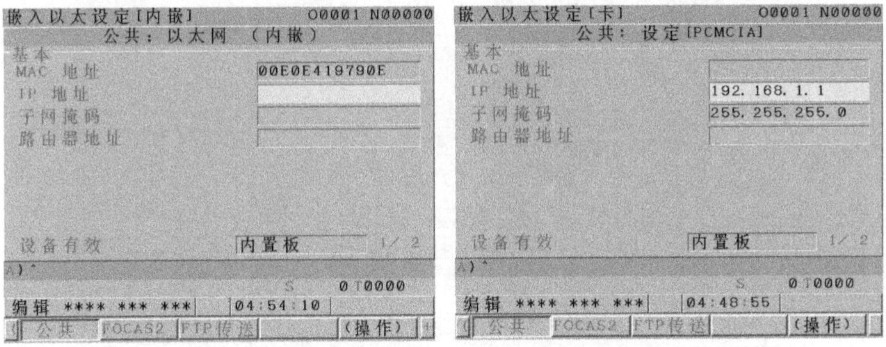

图 4-13 “内嵌”界面和“PCMCIA”界面

可根据实际情况设定 CNC 的 IP 地址，或使用 PCMCIA 以太网卡推荐值 192.168.1.1。注意，如果使用内嵌以太网，这里的设备有效处必须是“内置板”，如果使用的是 PCMCIA 以太网卡，则设备有效处必须是“PCMCIA”。

4）按［FOCAS2］软键出现的界面如图 4-14 所示。进入 FOCAS2 设定页面，在显示页面中设定 TCP、UDP 和时间间隔，通常 TCP 设为“8193”，UDP 设为“8192”，时间间隔根据实际需要设定，一般来说设定为 10s 即可。

5）将系统参数 20 设为“0”或“9”，按下操作面板［SYSTEM］键→按［+］软键→按［PMCCNF］软键→按［+］软键→按［在线］软键，然后设定：高速接口=使用，如图 4-15 所示。

6）按［FTP 传送］软键出现的界面如图 4-16 所示。进入 FTP 传送设定页面，在显示的页面中设定“主机名（IP 地址）”“端口号”“用户名”“密码”等相关参数（主机指与 CNC 进行以太网通信的计算机）。注意：每台系统可以保存 3 个主机 IP 地址和相关设定，方便在局域网中切换。

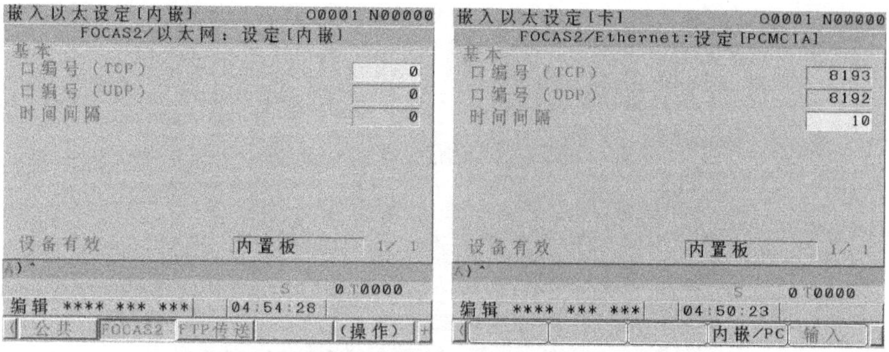

图 4-14　FOCAS2 设定界面

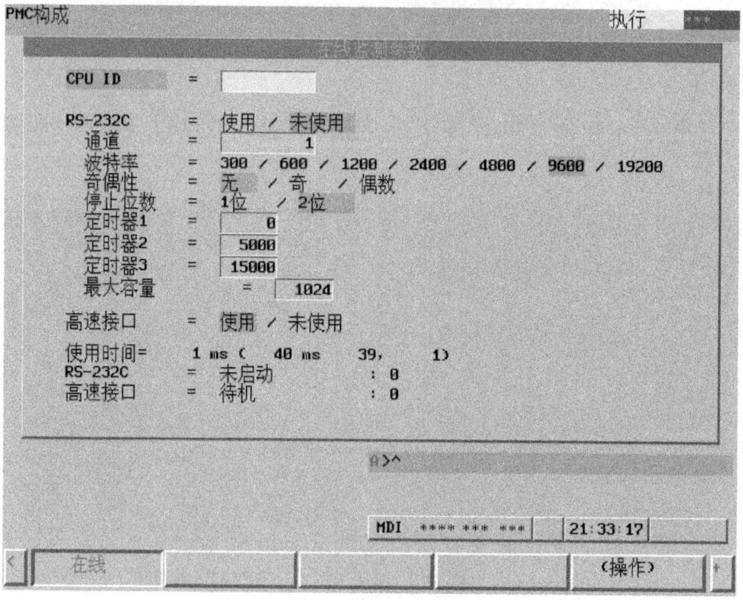

图 4-15　在线监测参数

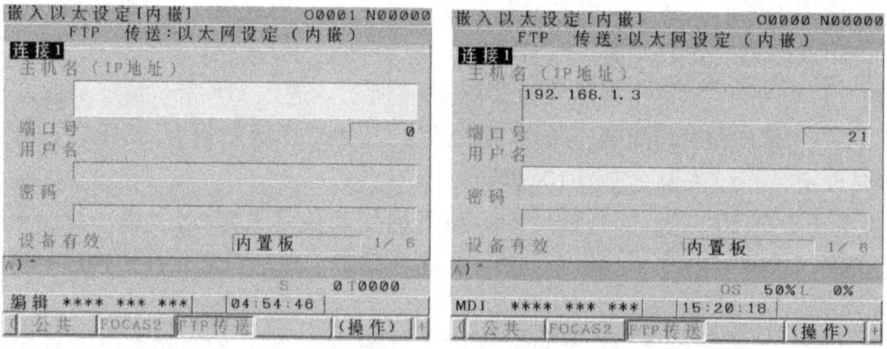

图 4-16　“嵌入”界面和“PCMCIA”界面

完成以上设定后，系统侧的设定就完成了。

2. 计算机侧的设定

（1）设置计算机侧的 IP 地址

计算机 Internet 协议属性设定：IP 地址与 CNC 系统侧前三个字节相同、后一个字节不同即可（如：192.168.1.6），子网掩码为“255.255.255.0”，如图 4-17 所示。

（2）FANUC LADDER-Ⅲ设定

①打开 FANUC LADDER-Ⅲ软件，如图 4-18 所示。

②在弹出的对话框中单击“Add Host”，在对话框单击“Host Setting Dialog”，设定“Host IP”为 192.168.1.2，“Port No.”为 8193，再单击“OK”，如图 4-19 所示。

③单击“Setting（设置）”，选择与 CNC 一致的 IP，再单击“Add（添加）”→“Connection（连接）”，如图 4-20 所示。

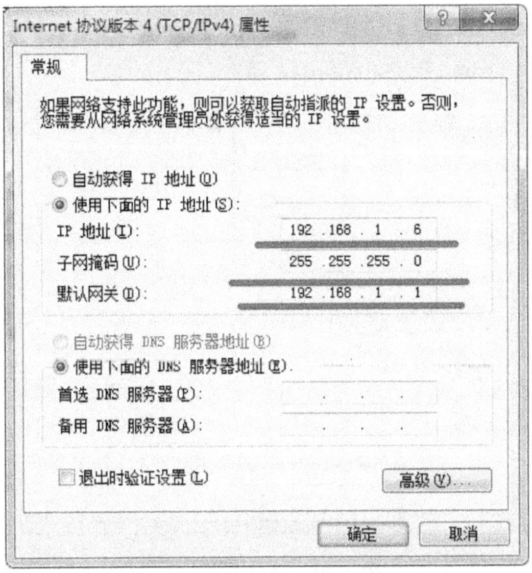

图 4-17　计算机侧 IP 地址设定

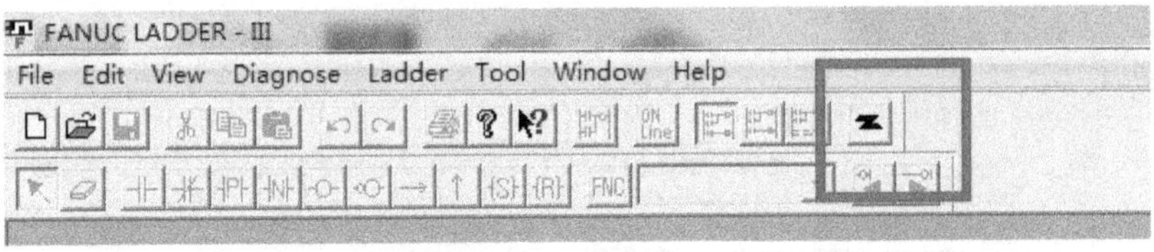

图 4-18　FANUC LADDER—Ⅲ在线设置

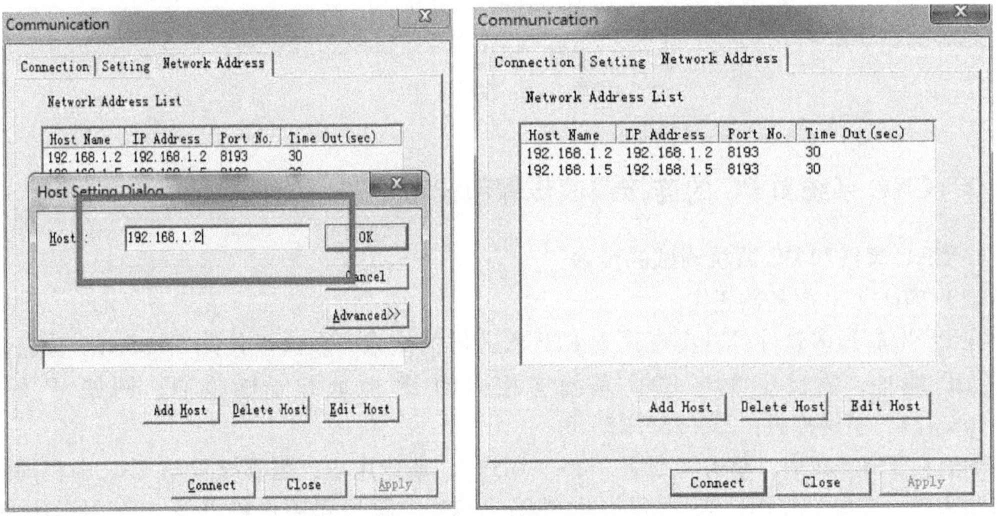

图 4-19　通信连接设置

④连接成功后会显示如下画面，如图 4-21 所示。

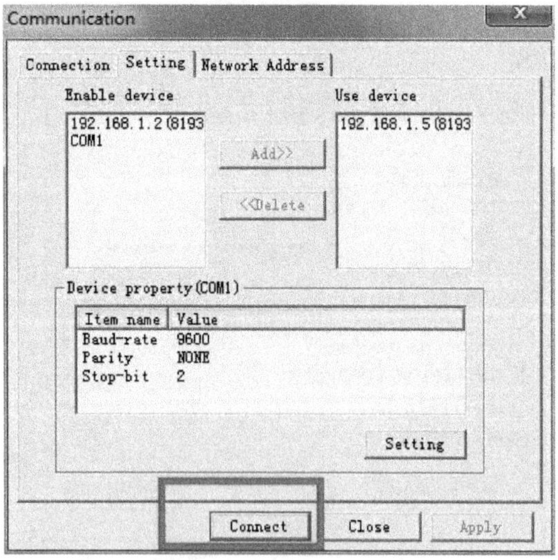

图 4-20　通信连接

图 4-21　通信连接成功

⑤单击“ON Line”，可以上传和下载数据，如图 4-22 所示。

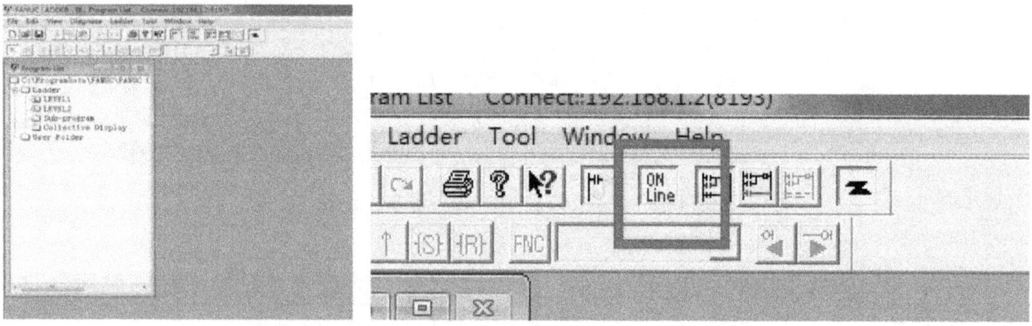

图 4-22　在线连接

4.2.2　CNC 系统和 PC 的连接调试步骤和技巧

1. CNC 系统和 PC 联机调试的步骤

（1）确认 FTP 服务器正常

在 PC 上有很多软件可以实现建立 FTP 服务器的效果，在这里使用 TYPSoft。首先修改 PC 的 IP 地址，需设定为与 CNC 系统中相同的 IP 地址和子网掩码，例如 IP 地址：192.168.1.1，子网掩码：255.255.255.0。

然后在 TYPSoft 中，单击“设置”→“用户”，新建用户，需要设置与 CNC 中相同的用户名和密码，此处设置用户名“WL”和密码“123”，再设置用户根目录（PC 中存放程序等的文件夹，例 D：\ NCDATA），在右边选中根目录，设置访问权限，保存，如图 4-23 所示。

接下来设置 FTP 端口，单击“设置”→“FTP 服务器”，此处需设置与 CNC 中相同的

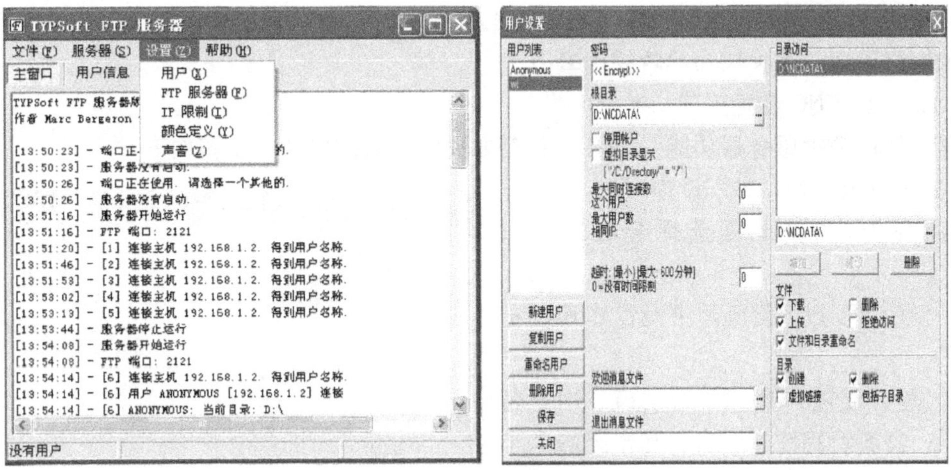

图 4-23 FTP 服务器窗口

端口号，例“2121”，如图 4-24 所示。

（2）确认网络连接正常

确认网络连接是否正常最简单的方法就是使用 Windows 自带的 Ping 命令，命令格式为：Ping+IP 地址。

具体操作如下，在计算机侧：“开始”→“运行”，输入“cmd”，输入“ping 192. 168. 1. 2”（CNC 的 IP 地址）。

Ping 命令时 Windows 系统默认尝试连接 4 次。实际调试中可以加参数“/t”，表示一直尝试连接，直到按［Ctrl+C］组合键终止程序。如果计算机到 CNC 的网络连接正常，Ping 命令的显示如图 4-25 所示。

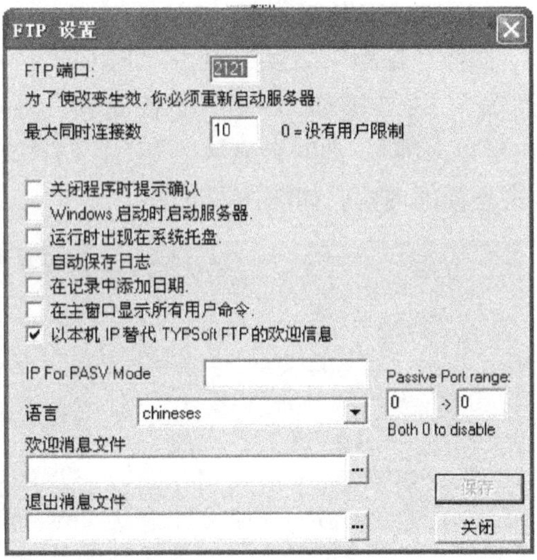

图 4-24 FTP 设置窗口

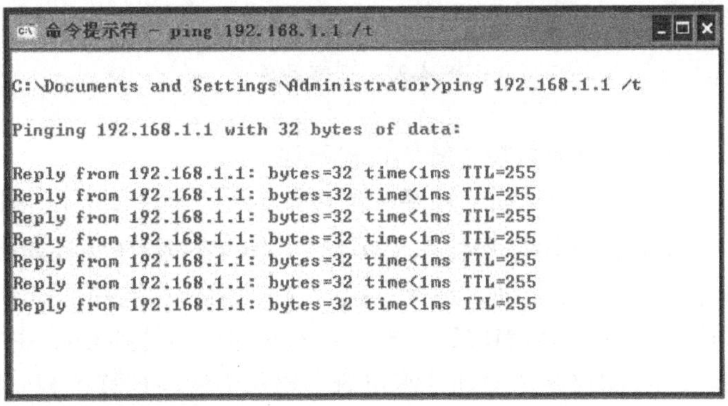

图 4-25 网络连接正常时显示的 Ping 命令

在 CNC 系统上同样可以使用 Ping 命令，CNC 侧：［SYSTEM］→［+］若干次→［内藏口］→［公共］→［+］→［PINGFT1］，显示“收到应答”为正常，否则请检查接线、计算机的网络设置、防火墙和参数等因素。

（3）确认 CNC 设置正确

若要使用数据服务器功能，CNC 上就需要设定相关的参数，步骤如下。

1）将参数“NO. 20”设为“5”。

2）在 DS 方式画面选择合适的工作模式。

3）在 CNC 以太网画面中设置好 IP、子网掩码。

4）检查连接 FTP 相关的端口、用户名和密码，需要特别注意用户名和密码的大小写。为了避免以上麻烦，推荐使用匿名连接，如图 4-26 所示。

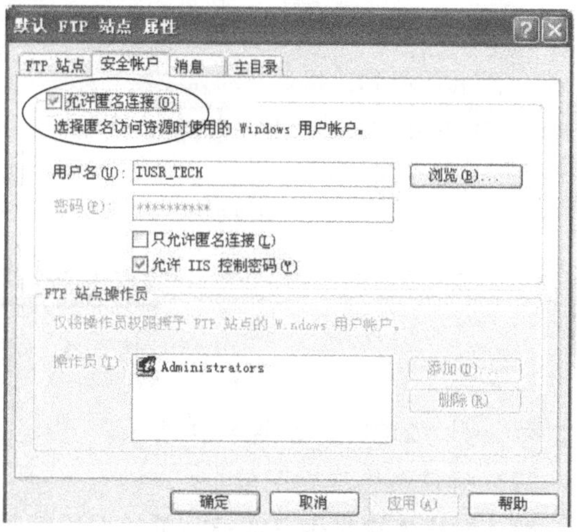

图 4-26　FTP 站点属性

（4）向 NC 传输程序

选择“编辑”方式，单击“PROG”→“列表”→“操作”→“设备选择”→“内置以太网”，此时会显示出 PC 上 FTP 文件夹里面的内容，如图 4-27 所示。

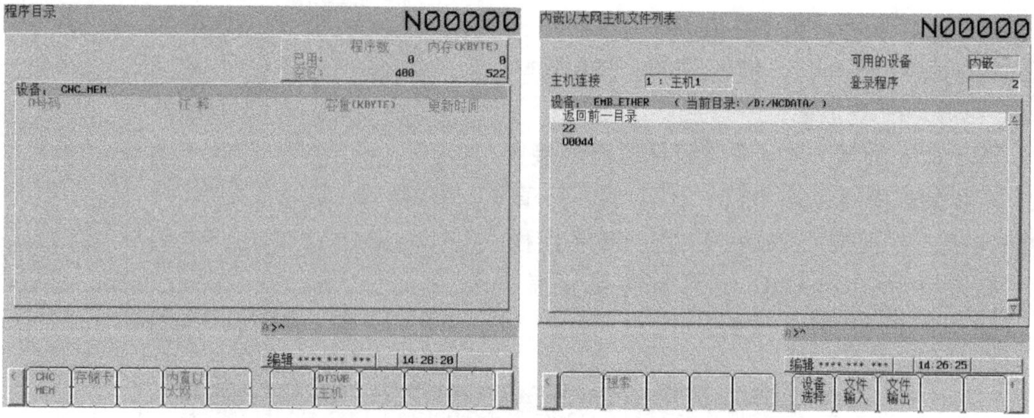

图 4-27　程序目录

计算机→CNC：计算机侧向数控系统侧传输程序。

在内嵌以太网主机文件列表画面，选择［文件输入］，然后选择 F，名称并设定为“22”（文件名），选择 O 设定，在 O NO. 中输入“O12”（CNC 中的程序号）如图 4-28 所示。

在内嵌以太网主机文件列表页面，选择［执行］，然后依次选择［PROG］→［列表］→［操作］→［设备选择］→［CNCMEM］，即可看到程序已经传到 CNC 中，如图 4-29 所示。

CNC→计算机：CNC 侧程序传输到计算机侧。操作方法与计算机侧向数控系统侧传输程序操作方法一致，系统的参数、刀补等文件也可以在计算机和 CNC 之间进行传输。

2. 注意事项

1）SRAM 在系统断电后需要电池保护，例如电池电压过低，SRAM 损坏等情况下，该

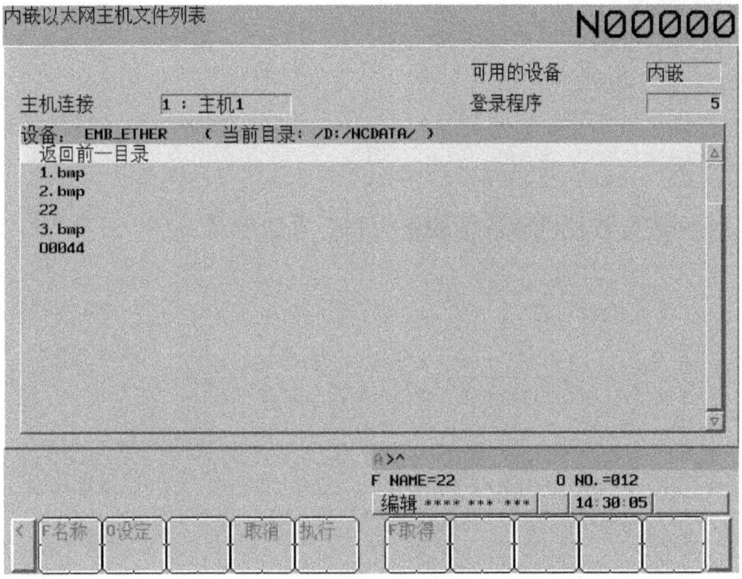

图 4-28 内嵌以太网主机文件列表

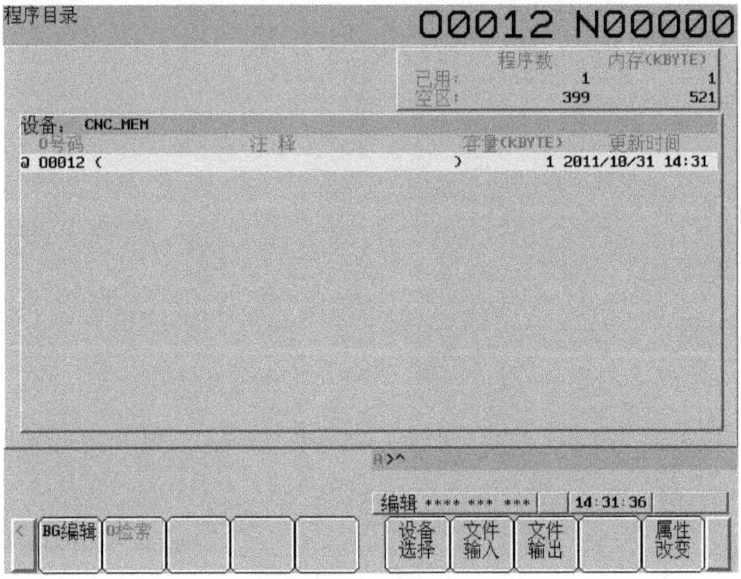

图 4-29 程序目录

存储器的数据容易丢失。

2）存储卡备份时须在“EDIT（编辑）”状态下将写参数保护打开。

3）参数“0020”设为“4”（U 盘为“17”，网线为“1”或者“0”）。

课堂训练

利用现场提供的网线和 PC，对数控机床进行以下数据的备份和还原。

1）数控系统的参数。

2）数控机床 PMC 参数。

3）数控机床 PMC 程序。

课后练习

总结通过以太网进行数控机床数据的备份和还原的步骤。

项目5

FANUC数控机床回零、限位与急停控制

任务5.1　数控机床回零控制

【知识目标】

1. 了解数控机床机械原点、机械坐标与编程坐标的基本知识。
2. 了解数控回零的作用。

【能力目标】

1. 能够安全操作数控机床，熟练进行数控机床回零操作。
2. 能够按要求设定数控机床的零点。
3. 掌握数控机床参考点常见故障判断与维修的方法。

5.1.1　数控机床参考点

参考点即数控机床坐标系的原点，它在数控机床出厂时已被确定，是一个固定的点。回参考点的目的是把数控机床的各轴移动到机床固定的点，使机床各轴的位置与CNC的机械位置吻合，从而建立机床坐标系。

数控机床起动后通常需要进行返回参考点的操作，在这个过程中常会遇到各种问题，这些问题处理的正确与否在很大程度上会直接影响机床的使用及工件的加工精度。

1. 数控机床返回参考点的意义

数控机床回零控制即数控机床返回参考点控制。数控机床要实现在固定点交换刀具以及机床停机在固定点，要实现自动加工，必须知道坐标位移计算的依据，即在数控机床上必须建立机床坐标系，要确定机床原点。数控系统通过返回数控机床参考点来确定机床原点。为了解这一过程的工作原理，首先要掌握三个基本概念，即机床参考点、机床原点、电气参考点。以车床为例，三者之间关系如图5-1所示。

（1）机床原点

机床原点是机床坐标系的基准点，机械零部件一旦装配完毕，机床原点随即确定。机床

原点由机床厂家设定，如图 5-1 中 O 点所示。

（2）机床参考点

机床参考点又名参考点或零点，与电气参考点相重合。如图 5-1 中 R 点所示。

（3）电气参考点

电气参考点是由机床使用的检测反馈元件发出的栅格信号或零标志信号确立的参考点，电气参考点一般与机床参考点是重合的，根据用户需要，电气参考点可以偏移机床参考点，偏移量可以通过参数设定。在 FANUC 数控系统中，偏移量在参数“1850”中设定。

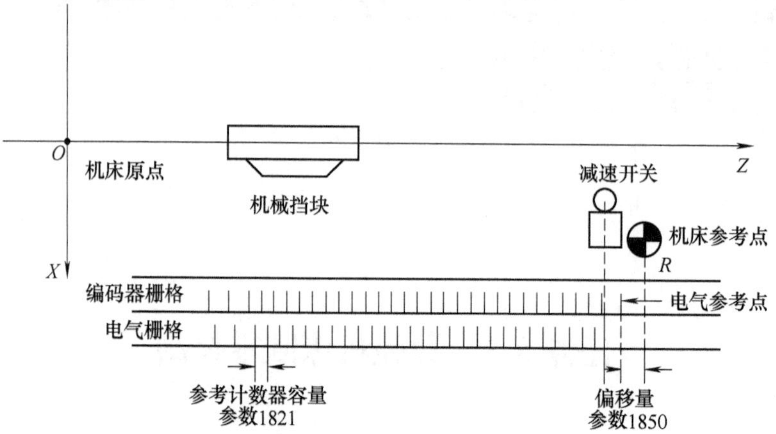

图 5-1　机床参考点、机床原点和电气参考点

从严格意义上讲，数控机床返回参考点是返回电气参考点。实际返回参考点是通过系统得到减速开关信号后，再检测伺服电动机编码器栅格信号，栅格就是电气参考点。若所希望的机床参考点不在此点，则可以通过参数“1850”进行偏移。

以 FANUC 数控系统为例，数控机床返回到机床参考点 R，其坐标值在参数“1240”中设定，即在参数“1240”中设定 R 点在机床坐标系中的坐标值，数控系统就可由此间接知道机床原点了。

2. 返回参考点类型

按机床检测元件检测参考点信号方式的不同，返回机床参考点的方式有两种：一种为磁开关方式，另一种为栅格方式。

（1）磁开关方式

在机械本体上安装磁铁及磁感应原点开关，当磁感应原点开关检测到原点信号后，伺服电动机立即停止，该停止点被认作原点，其特点是软件及硬件简单，但原点位置随着伺服电动机速度的变化而成比例地漂移，即原点不确定。磁开关方式由于存在定位漂移现象，较少使用。

（2）栅格方式

在栅格方式中，检测反馈元件随着伺服电动机一转信号同时产生一个栅格信号或一个零标志信号，如图 5-1 所示。在机械本体上安装一个机械挡块及一个减速开关后，数控系统检测到的第一个栅格信号或零标志信号即为参考点。

栅格方式根据检测反馈元件测量方法的不同又可分为绝对式编码器栅格方式和增量式编码器栅格方式。

1）绝对式编码器栅格方式。采用绝对式编码器进行位置检测的机床，机床调试前第一次开机后，通过参数设置使机床返回参考点，操作调整到合适的参考点后，只要绝对式编码器的后备电池有效，再开机时，不必进行返回参考点操作。

2）增量式编码器栅格方式。采用增量式编码器进行位置检测的机床，因为增量式编码器位置检测装置在断电时会失去对机床坐标值的记忆，所以每次机床通电时都要进行返回参考点操作。

在使用增量式编码器的系统中，返回参考点有以下两种模式。

①开机后，各轴手动返回参考点，每一次开机后都要进行手动返回参考点操作。

②在自动方式下用 G 代码指令返回参考点。以 FANUC 数控系统为例，在自动加工程序中可编制 G27、G28 或 G29 等指令。

在维修与返回参考点有关的故障时，首先要知道该数控设备属于哪一种返回参考点方式。

3. 返回参考点过程

返回参考点过程必须根据数控系统提供的技术资料进行操作以及设置相关参数。本书以 FANUC 数控系统为例介绍返回参考点的过程。

FANUC 数控系统返回参考点的控制方式有以下几种，一是增量式编码器返回参考点；二是绝对式编码器返回参考点；三是附带绝对地址参照标记的直线尺返回参考点；四是撞块式返回参考点。

本书主要介绍增量式编码器返回参考点和绝对式编码器返回参考点，其他方式返回参考点过程可以参考 FANUC Series 0-MODEL D、FANUC Series 0 Mate-MODEL D 连接说明书（功能篇）。

（1）增量式编码器返回参考点

以增量式编码器作为检测反馈元件的机床，其返回参考点方式又分为有挡块和无挡块两种。

1）有挡块返回参考点功能。本功能是用手动或自动方式使机床可移动部件按照各轴规定的方向移动，工作台快速接近参考点，经减速开关减速后，低速返回参考点。参考点是由检测反馈元件的栅格信号或零标志信号所决定的栅格位置来确定的。

①与返回参考点有关的信号。与返回参考点有关的信号见表 5-1。

表 5-1 与返回参考点有关的信号

序号	信号含义	信号地址	信号符号	备注
1	手动返回参考点选择信号	G43.7	ZRN	G43.0=1 G43.2=1
2	返回参考点硬件减速信号	X9.0~X9.4	*DECn（n=1~5）	
3	返回参考点结束信号	F94.0~F94.4	ZPn（n=1~5）	
4	移动轴和移动方向的选择（+/-）	G100.0~G100.4 或 G102.0~G102.4	（+/-）JN（n=1~5）	
5	快速速度倍率	G14.1，G14.0	ROV1，ROV2	

（续）

序号	信号含义	信号地址	信号符号	备注
6	手动速度倍率	G10，G11	＊JVO～＊JV15	
7	参考点建立信号	F120.0～F120.4	ZRF1～ZRF5	
8	手动返回参考点选择确认信号	F4.5	MREF	

②与返回参考点有关的参数。与返回参考点有关的参数见表 5-2。

表 5-2　与返回参考点有关的参数

参数	#7	#6	#5	#4	#3	#2	#1	#0
1005								
1006			ZMI					
3003			DEC					
1420	每个轴的快速移动速度（mm/min）							
1423	每个轴的 JOG 进给速度（mm/min）							
1424	每个轴的手动快速移动速度（mm/min）							
1425	每个轴的手动返回参考点的 FL 速度（mm/min）							
1428	每个轴的返回参考点速度（mm/min）							

在表 5-2 中，当参数 1005#1＝0 时，为有挡块返回参考点方式，当参数 1005#1＝1 时，为无挡块返回参考点方式。

③返回参考点的动作。选择 JOG 进给方式，将信号 ZRN（G43.7）置为 1，然后选择返回参考点方向，机床可移动部件就会以快速移动速度移动。当碰上减速开关，返回参考点硬件减速信号（＊DECn）为 0 时，移动速度减速，然后以一定的低速持续移动。此后离开减速开关，返回参考点硬件减速信号再次变为 1，可移动部件停止在第一个电气栅格位置上，返回参考点结束信号 ZPn 变为 1。各轴返回参考点的方向可分别设定。一旦返回参考点结束，返回参考点结束信号（ZPn）为 1 的坐标轴，在信号 ZRN 变为 0 之前，JOG 进给无效。以上动作时序图（以＋J1 轴为例）如图 5-2 所示。

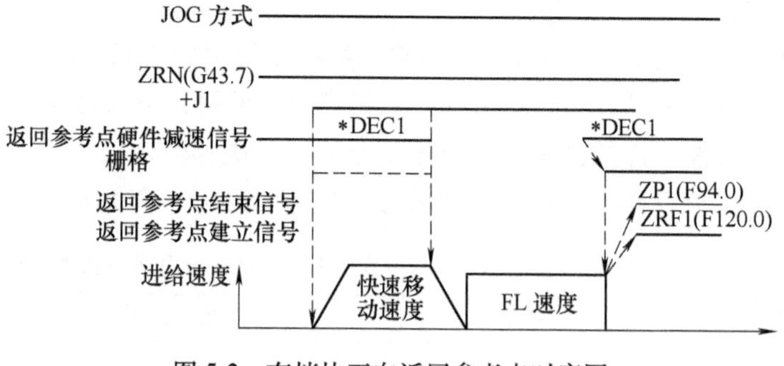

图 5-2　有挡块正向返回参考点时序图

该时序图的应用有以下几个条件：参数 1006#5＝0，设置为正方向返回参考点；减速信号有效参数 3003#5＝0，设置为 0 有效；减速信号接常闭开关。当然，也可以把参数设置成反方向返回参考点。

2）无挡块返回参考点方式。FANUC 数控系统也允许把参数“1005#1”设为 1，为无挡块返回参考点方式，也就是不需要减速开关也能返回参考点。无挡块返回参考点方式使用方便，进给轴方向选择正、反都可以，但每次开机返回参考点位置都不一样，若加工中以参考点的位置为计算依据，每次返回参考点后都必须重新操作和计算。详细方法可以参考连接说明书的功能篇。

（2）绝对式编码器返回参考点

1）绝对式编码器返回参考点功能。在带有绝对式编码器的情况下，返回参考点后，一度设定好的参考点即使在切断电源的情况下仍将被保存起来，所以在下次通电时，无须进行参考点设定。断电后，绝对式编码器中的机床位置数据保存在电机编码器 SRAM 中，并通过伺服放大器上的电池来保持电机编码器 SRAM 中的数据。绝对式编码器可以是伺服电动机内装编码器、外接独立编码器以及光栅尺。

现在 αi 和 βi 系列伺服电动机具有绝对式编码器功能，保存编码器中的机床位置数据的电池是放置在伺服放大器上的，并通过反馈电缆连接到伺服电动机的绝对式编码器上，因此，当更换伺服放大器和伺服电动机或更换反馈电缆时，都有可能使电池与绝对式编码器脱开，这时绝对式编码器 SRAM 中的数据将丢失，在开机后会出现 DS0300 报警，需要重新建立参考点。

2）与返回参考点有关的信号。与返回参考点有关的信号可参考表 5-1，只是不包括其中的返回参考点硬件减速信号（必须设置参数 1005#1 = 1，因为这是无挡块返回参考点方式）。

3）与返回参考点有关的参数。与绝对式编码器返回参考点有关的参数可参考表 5-2，除表 5-2 所示参数外，还包括参数 1815，见表 5-3。

表 5-3　1815 参数表

参数	#7	#6	#5	#4	#3	#2	#1	#0
1815	—	—	APCx	APZx	—	—	OPTx	—

参数 1815#5 为 APCx。当设定为 0 时，表示使用非绝对式位置编码器；当设定为 1 时，表示使用绝对式位置编码器。

参数 1815#4 为 APZx，表示使用绝对式编码器作为检测反馈元件时，机床位置与绝对式编码器之间的位置对应关系是否建立。当设定为 0 时，表示尚未建立；当设定为 1 时，表示已经建立。

参数 1815#1 为 OPTx。当设定为 0 时，表示不使用分离式脉冲编码器；当设定为 1 时，表示使用分离式脉冲编码器。

当使用带有参考标记的直线尺或者带有绝对地址原点的直线尺（全闭环系统）时，将参数“1815#1”设定为 1。设置完参数“1815”后，系统显示页面有 DS0300 报警。

4）返回参考点过程。

①设定返回参考点参数。在 JOG 方式下，选择带有绝对式编码器的进给轴，转动一转以上断电，稍后再给系统通电，此时，在 JOG 方式下，移动伺服电动机方向不受限制。转动一转以上是为了使系统在绝对式编码器内检测到一转信号。

②在 JOG 方式下，操作选择的轴移动到靠近参考点的位置。

③选择返回参考点方式，按进给轴方向按键“+”或“-”（+Jn/-Jn），工作台以低速（FL 速度）向下一个栅格位置移动，当到达栅格位置后，系统返回参考点完成，产生 ZPN 信号，轴移动停止，该位置就是机床参考点，该位置数据由电池保护在绝对式编码器的

SRAM 当中，即使断开外围机床电源后也不会丢失。绝对式编码器返回参考点时序图如图 5-3 所示，图中是以第一进给轴为例。在 JOG 方式下，使移动部件移至图 5-3 中 P 点位置，重复一上述步骤②。

④返回参考点完成，设定返回参考点参数，移动部件定位在栅格。

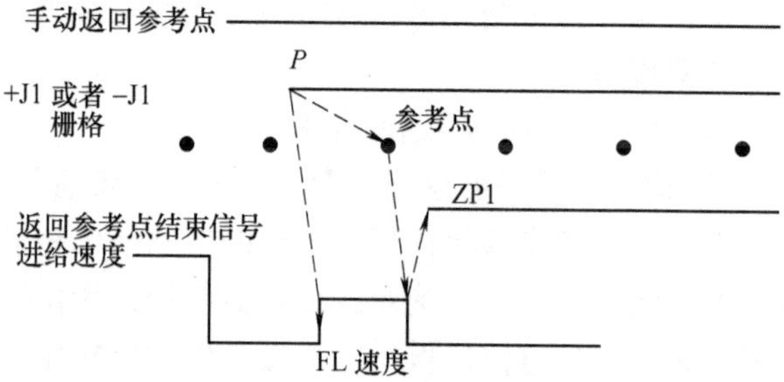

图 5-3　返回参考点过程

5.1.2　返回参考点常见故障

从前面介绍的返回参考点有关知识可以看出，FANUC 数控系统返回参考点功能和方法是比较多的，要维修与返回参考点有关的故障，必须了解与返回参考点有关的知识，在维修前要知道机床属于哪一种返回参考点方式，常见的参数有哪些。一般维修时不需要修改参数，但如果是绝对式编码器返回参考点故障就需要修改参数，要理解参数的含义，这对深入理解返回参考点过程和故障诊断以及维修是很有帮助的。

（1）增量式编码器返回参考点常见故障

1）操作故障。增量式编码器返回参考点方式比较灵活，具体参数参见前面的知识介绍。在返回参考点过程中，若不符合返回参考点参数设置，FANUC 数控系统就会报警，具体见表 5-4。

表 5-4　增量式编码器返回参考点部分操作故障

报警号	报警内容	故障原因及解除方法
PS0090	未完成返回参考点操作	1. 返回参考点的起点太近或速度太低，可以尝试通过远离参考点或执行快速返回参考点解决。 2. 在无法建立机床原点的状态下，试图执行基于返回参考点的绝对位置检测器的原点设定。可以尝试通过手动旋转电动机一周以上，暂时执行 CNC 和伺服放大器电源的 OFF/ON 操作，而后再进行绝对位置检测器的原点设定
PS0092	返回参考点检查（G27）错误	G27 中指定的轴尚未返回参考点。检查返回参考点程序是否正确
PS0224	返回参考点未结束	在自动运行开始之前，没有执行返回参考点操作，限于参数 ZRNx（参数 1005#0）为 0 时。请执行返回参考点操作
PS0304	未建立参考点就出现指令 G28	在尚未建立参考点时就出现了自动返回参考点指令（G28）
PS0301	禁止重新返回参考点	在无挡块返回参考点中，因禁止重新设定参考点导致。可修改参数 1012#0（IDGx）为 0
PS0302	不能为无挡块返回参考点方式设定参考点	1. 在 JOG 进给中，没有将轴朝着返回参考点方向移动。此时正确进给即可。 2. 轴沿着与手动返回参考点方向相反的方向移动。此时正确进给即可
PS0305	中间点未指定	1. 在 JOG 进给中，没有将轴朝着返回参考点方向移动。此时正确进给即可。 2. 轴沿着与手动返回参考点方向相反的方向移动。此时正确进给即可

2）外围电气开关信号故障。在增量式编码器返回参考点方式中，主要涉及系统外的开关有操作方式开关、减速开关等，在维修中可以利用 PMC 信息诊断页面分析开关是否有故障。另外还要检查减速开关中相关的挡块是否松动以及位置是否正确等。

3）增量式编码器故障。在增量式编码器返回参考点方式中，重要部件是编码器。在 0i-D 系统中使用 αi 和 βi 伺服电动机，伺服电动机尾部的编码器是串行脉冲编码器，它不能使用传统的仪器检测，应尽可能使用系统提供的故障诊断信息和部件互换法进行故障诊断。在增量式编码器返回参考点过程中，常见故障就是编码器零位信号丢失或器件故障，要注意避免振动和减少油污等。

4）其他故障。增量式编码器是低电压弱电信号器件，难免会受到周围环境干扰，反馈电缆要采取屏蔽以及抗干扰措施，反馈电缆不能与动力电缆捆扎在一起。

（2）绝对式编码器返回参考点常见故障

1）操作故障。绝对式编码器返回参考点的参数设置具体参见前面的知识介绍。在返回参考点过程中，若不符合返回参考点参数设置，FANUC 数控系统就会报警，具体见表 5-5。

表 5-5　绝对式编码器返回参考点的报警信息

报警号	报警内容	报警原因及解除方法
DS0405	未回到参考点上	自动返回参考点指定的轴在定位完成时尚未正确地返回到参考点。位置控制系统异常。由于在返回参考点操作中 CNC 内部或伺服系统出现故障，有可能无法正确执行返回参考点操作。 应重新尝试一次手动返回参考点操作
DS0300	APC 报警：需回参考点	参考点丢失，需要进行绝对式编码器的参考点设定（参考点与绝对式编码器的计数器值之间的对应关系），然后执行返回参考点操作。 本报警在某些情况下会与其他报警同时发生。这种情况下应通过其他报警采取对应的解决方法
DS0306	APC 报警：电池电压 0	绝对式编码器的电池电压已经下降到不能保持数据的低位，或者编码器是第一次通电。应在接通机床电源的状态下更换电池。如果更换电池后再次通电仍然发生这种情况，可能是因为电池或电缆故障。
DS0307	APC 报警：电池电压低 1	绝对式编码器的电池电压下降到更换标准。 通电情况下更换电池
DS0308	APC 报警：电池电压低 2	绝对式编码器的电池电压下降到更换标准。应在接通机床电源的状态下更换电池
DS0309	AP 报警：不能放回参考点	在不能建立参考点的状态下执行基于 MDI 操作的绝对式编码器的参考点设定。 通过手动旋转电动机一周以上，暂时断开 CNC 伺服放大器的电源，而后进行绝对式编码器的参考点设定

2）外围电气故障。在绝对式编码器返回参考点方式中，主要涉及系统外的部件有操作方式开关、绝对式编码器电池等，在维修中可以利用 PMC 信息诊断页面分析开关是否有故障，用万用表 10V 直流电压档检查电池是否有电压。

3）绝对式编码器故障。在绝对式编码器返回参考点方式中，重要部件是编码器。在0i-D系统中使用αi和βi伺服电动机，伺服电动机尾部的编码器是串行脉冲编码器，它不能使用传统的仪器检测，应尽可能使用系统提供的故障诊断信息和部件互换法进行故障诊断。在绝对式编码器中，常见故障就是编码器零位信号丢失或器件故障。要注意避免振动和减少油污等。

4）其他故障。绝对式编码器是低电压弱电信号器件，难免会受到周围环境干扰，反馈电缆要采取屏蔽以及抗干扰措施，反馈电缆不能与动力电缆捆扎在一起。更换伺服放大器、伺服电动机、绝对式编码器及绝对式编码器反馈电缆后，要重新返回参考点并调整与零位有关的参数。

课堂训练

完成数控机床无挡块方式参考点的设置。

课外练习

总结数控机床无挡块方式参考点的设置步骤。

任务5.2　数控机床的限位控制

【知识目标】

1. 了解数控机床硬件超程和软件超程基本原理。
2. 了解数控机床限位的作用。

【能力目标】

1. 能够熟练进行数控机床软限位的设置。
2. 能够解除由于数控及限位所产生的报警或者故障。

5.2.1　数控机床的硬件超程和软件超程

数控机床
行程保护

超程报警是比较常见的数控机床故障。为防止因超程而引起数控机床部件间的硬性碰撞，绝大多数数控机床都设置了硬件超程保护和软件超程保护，因此超程可分为硬件超程和软件超程两种。

1）硬件超程，是指机床在移动中碰到了安装在机床上的硬件限位开关而引起的硬件超程报警。

2）软件超程，是指机床在移动时超出了系统中设定的行程极限值而引起的软件超程报警。

机床设定的软件行程极限一般比硬件行程要短10mm左右。

限位控制是数控机床的一个基本功能。如图5-4所示，数控机床的限位分为硬件超程、存储行程极限和急停。硬件超程是数控机床的外部安全措施，目的是在机床出现失控的情况下断开驱动器的使能控制信号。自动运转中，当任一轴超程时，所有的轴都将减速停止。手动运行时，机床不能向发生报警的方向移动，只能向与其相反的方向移动。

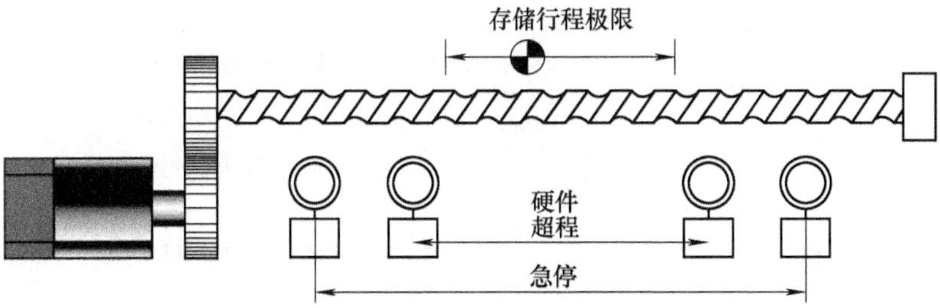

图 5-4　限位控制功能示意图

当该功能生效时，将发生 OT506，OT507 超程报警，如图 5-5 所示。

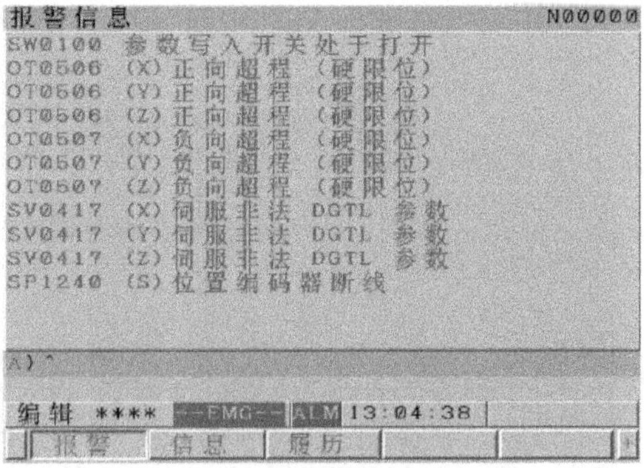

图 5-5　硬件超程报警显示页面

5.2.2　硬件超程的诊断与解除

数控机床硬件超程有两种形式：一是利用系统提供的专用信号地址来进行超程保护；二是利用厂家编制的超程保护。

（1）功能信号

超程信号限位开关触点，表 5-6 所示为与硬件超程相关的主要信号，其中 G114.0、G114.3、G116.0、G116.3 为进给轴已经到达行程终端信号。

表 5-6　硬件超程主要信号

地址	#7	#6	#5	#4	#3	#2	#1	#0
X8	*-ZL	*-YL	*-XL	—	—	*+ZL	*+YL	*+XL
X26	—	—	—	—	OVRL	—	—	—
G114	—	—	—	—	*+L4	*+L3	*+L2	*+L1
G116	—	—	—	—	*-L4	*-L3	*-L2	*-L1

（2）PMC 程序

1）行程开关 X8.0、X8.1、X8.2 输入信号分别控制 G114.0、G114.1、G114.2 正向行程限位信号。行程开关 X8.5、X8.6、X8.7 输入信号分别控制 G116.0、G116.1、G116.2 负向行程限位信号。PMC 程序如图 5-6 所示。

2）为减少 I/O 点数，一般机床的硬限位和急停按钮串联在一个继电器回路中，将硬限位转换为急停处理。超过硬件急限后，机床同时出现急停报警。只有按机床超程解除按键 X26.3（OVRLS）后，机床才解除急停报警。PMC 程序如图 5-7 所示。

（3）参数设置

当不使用硬件超程信号时，所有轴的超程信号都将变为无效。设定参数见表 5-7，若 3004#5 设定为 1，则不进行超程信号的检查。

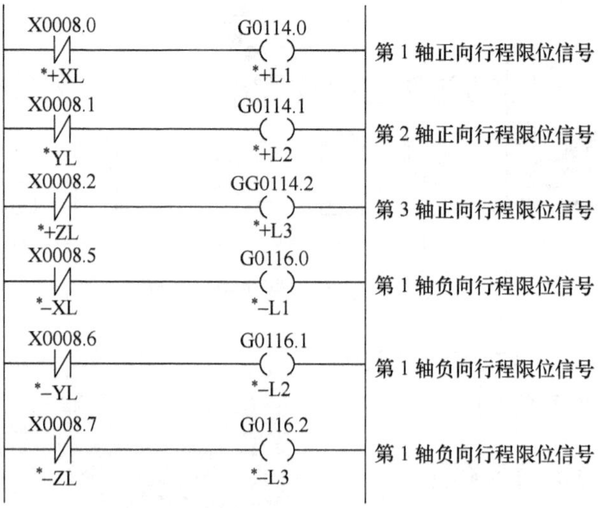

图 5-6　硬件超程 PMC 程序 1

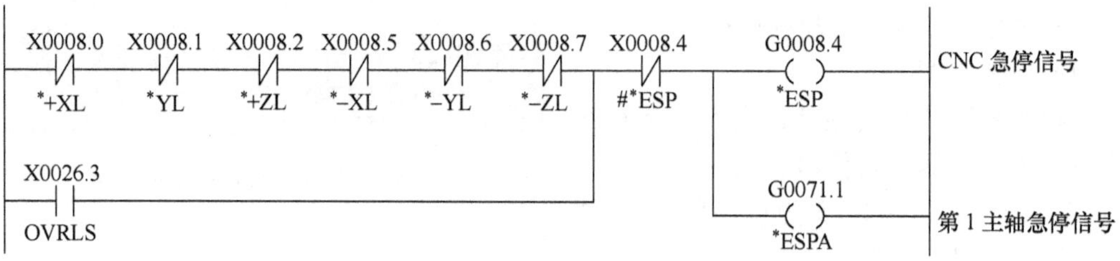

图 5-7　硬件超程 PMC 程序 2

表 5-7　硬件超程生效参数表

参数	#7	#6	#5	#4	#3	#2	#1	#0
3004	—	—	OTH	—	—	—	—	—

5.2.3　软件超程的诊断与解除

软件超程是指机床运动坐标值超过系统参数设定的存储行程极限值的报警。FANUC 0i 系统参数“1320”为各轴正向存储行程极限值参数；参数“1321”为各轴负向存储行程极限值参数。若系统正向存储行程极限值设定范围为 0~99999999 系统检测单位，则设定为 99999999 就表示软件正向超程保护无效；若系统负向存储行程极限值设定范围为 0~99999999 系统检测单位，则设定为-99999999 就表示软件负向超程保护无效。

（1）系统存储行程极限值的设定方法

1）如图 5-8 所示为数控铣床 *X* 轴的机床坐标系，其中 SQ1、SQ2 为机床 *X* 轴方向的硬限位保护行程开关，SQ3 为机床 *X* 轴正向返回机床参考点的减速开关。系统存储行程极限值的设定不能超过机床的硬限位保护范围。

2）如果按图 5-8 所示设定存储行程极限坐标值，就直接把 *A*、*B* 值转换为系统的检测单位后分别输入到系统参数“1320”和“1321”中的相应位置即可。

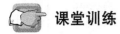

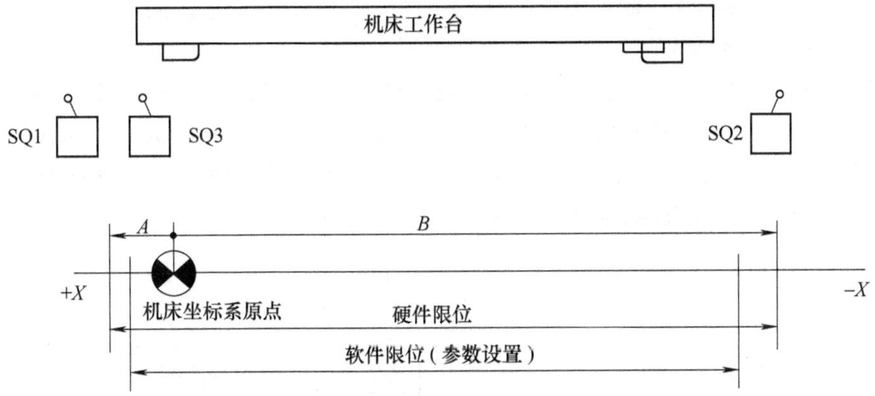

图 5-8 数控机床硬件限位与软件限位之间关系

（2）系统软件超程报警的处理方法

当机床运动坐标值超过系统存储行程极限值时系统就会产生软件超程报警，当正向超程时系统发出“500”号报警，当负向超程时系统发出“501”号报警。此时可将工作模式调至手动连续进给方式“JOG”，按下超程报警轴的反向按钮，使机床反方向退出超程范围，然后按下系统复位键［RESET］使系统复位，多数情况下即可解除此类机床超程故障。如果按下反向键时机床不移动，系统处于死机状态，那么就应该首先将参数“1320”设定为“99999999”，参数“1321”设定为“-99999999”，然后系统断电后重新通电进行机床返回参考点操作，最后将参数“1320”和“1321”改回为原始值。如果机床仍然出现超程报警或系统死机现象，则需要把系统参数全部清除并重新恢复。

课堂训练

（1）专用信号地址的超程保护

FANUC 0i 数控系统提供了专门的 G 地址信号来实现硬件超程保护。G 地址信号的格式见表5-6。其中，G114（#0~#4）及G116（#0~#4）为低电平有效的信号（＊符号表示该地址对应位置是低电平有效）。

当机床的各轴正向出现超程时系统会发出“500”号超程报警信号，当机床各轴负向出现超程时系统会发出“501”号超程报警信号。此时可将工作模式调至手动连续进给方式，按住机床控制面板上的［超程释放］按钮，同时按下超程报警轴的反向按钮，让机床反方向退出硬件超程范围，然后按下系统复位键［RESET］使系统复位，多数情况下即可解除此类机床超程故障。如果按下反向键机床不移动，系统处于死机状态，那么就应该首先将硬件保护有效参数“3004#5”设定为“0”。然后将系统断电后重新通电，在“JOG”方式下反向移动机床，使机床退出硬件超程范围，最后将系统参数“3004#5”设定为“1”便可解除机床超程故障。X2. 0、X2. 1、X2. 2、X2. 3、X2. 4、X2. 5 分别为 X、Y、Z 坐标轴超程行程开关的输入信号；G114. 0、G114. 1、G1114. 2、G116. 0、G116. 1、G116. 2 分别为系统专用的硬件超程输入地址，只有在系统参数“3004#5”设定为“1”时有效。在如图 5-9 所示的梯形图中，*X* 轴正、负向超程信号为 G114. 0 和 G116. 0，当 G114. 0=0 时，数控机床显示“OT0500 *X* 轴正向超程”。

思考一下，连接到 PMC 输入地址的硬件行程开关是常开点还是常闭点呢?

（2）厂家编制的超程保护

当机床出现此类超程故障时，系统会出现 1001～1006 号厂家超程报警，系统处于急停状态。如图 5-10 所示为厂家编制的超程保护梯形图，X8.4 为机床面板上的急停开关输入信号；G8.4 为系统急停信号（低电平急停报警）；X20.0 为机床面板的超程释放开关输入信号，X2.0～X2.5 为硬件超程限位开关连接到 PMC 的输入信号。

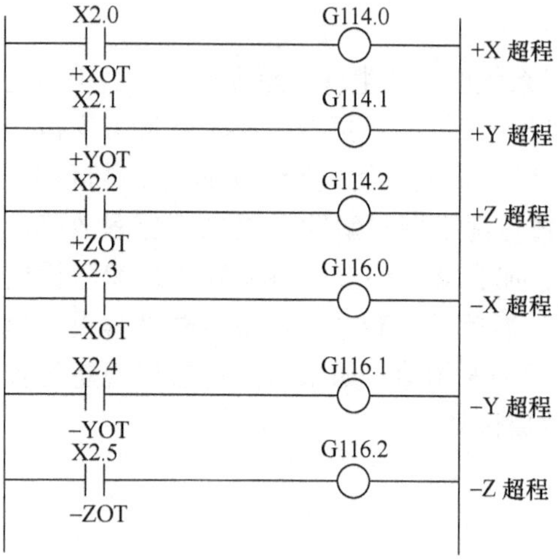

图 5-9　专用信号地址的超程保护梯形图

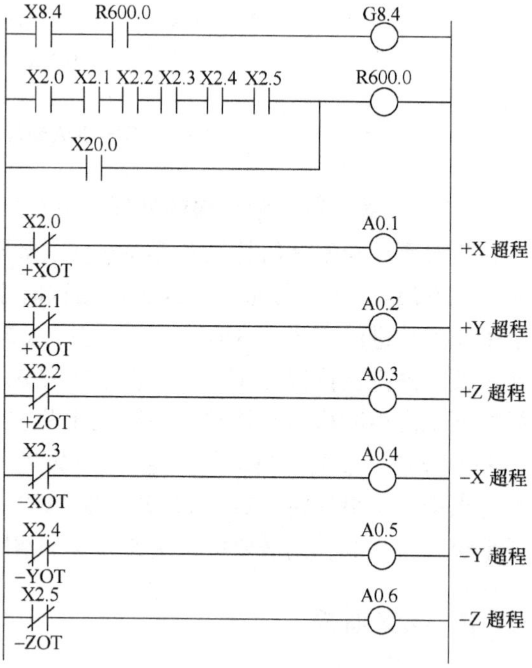

图 5-10　厂家编制的超程保护梯形图

该类报警的排除方法如下。首先将工作模式调至手动连续进给方式 JOG，然后按住机床控制面板上的［超程释放］按钮，同时按下超程报警轴的反向按钮，使机床反方向退出硬件超程范围，最后当超程限位行程开关复位后，按下系统复位键。

课后练习

1. 设置数控机床的软限位。
2. 数控机床软限位设置成功后，摇手轮验证软限位是否起作用。

任务 5.3　数控机床急停控制

【知识目标】

1. 了解数控机床急停按钮的结构特点、文字符号和电气符号。
2. 了解数控机床急停的原理。

【能力目标】

1. 能够根据急停报警信号诊断急停故障。
2. 能够根据 PMC 程序诊断急停故障。

5.3.1 急停按钮

当机床发生紧急情况时，为了保障机床的安全，应压下如图 5-11 所示的机床急停控制按钮，使机床瞬时停止移动。

当机床出现急停状态时，通常在系统界面上显示“EMG”“ALM”报警，如图 5-12 所示。

图 5-11 机床急停控制按钮

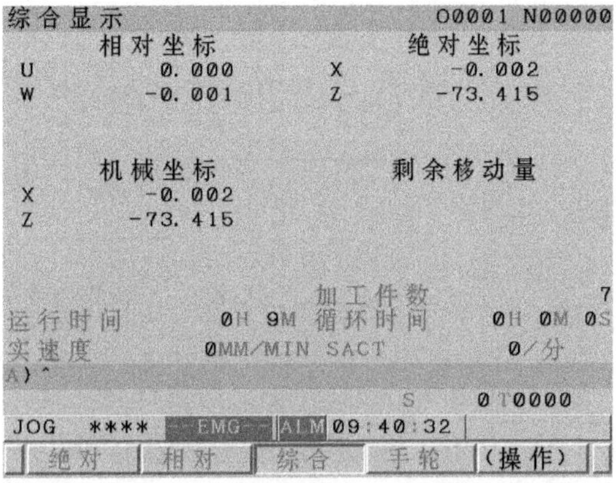

图 5-12 急停状态显示页面

5.3.2 急停控制

1. 急停相关的功能信号

急停信号有 X 硬件信号和 G 软件信号两种，急停硬件信号地址为 X8.4。CNC 直接读取由机床发出的信号（X8.4）和由 PMC 向 CNC 发出的输出信号，两个信号之一为 0 时，系统立即进入急停状态，另一支回路与伺服放大器连接，当进入急停状态时，伺服放大器断开，同时伺服电动机动态制动。移动中的轴瞬时停止（CNC 不再进行加、减速处理），CNC 进入复位状态。

通常，在急停状态下，机床准备好信号 G70.7 断开；第一串行主轴不能正常工作，G71.1 信号也断开。急停功能主要信号见表 5-8。

表 5-8 急停功能主要信号

地址	#7	#6	#5	#4	#3	#2	#1	#0
X8	—	—	—	*ESP	—	—	—	—
G8	—	—	—	*ESP	—	—	—	—
G70	MRDYA	—	—	—	—	—	—	—
G71	—	—	—	—	—	—	ESPA	—

2. 急停回路和 MCC 控制回路

急停控制回路一般由两个部分构成，一个是 PMC 急停控制信号 X8.4；另一路是伺服放大器的 ESP 端子，这两个部分中任意一个断开就出现报警，ESP 断开出现 SV401 报警，X8.4 断开出现 ESP 报警。但这两个部分全部是通过一个元件来处理的，就是急停继电器 KA1，如图 5-13 所示。

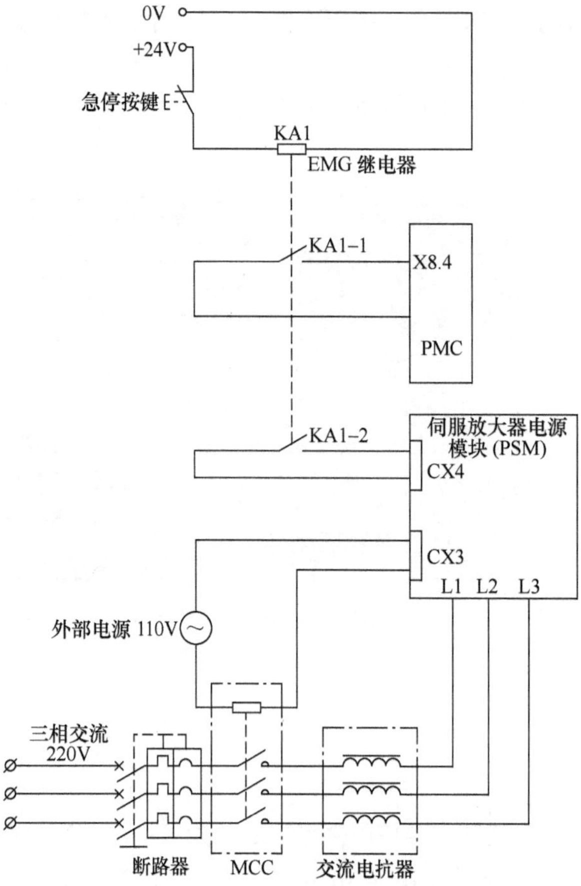

图 5-13 伺服放大器急停控制回路

数控机床急停控制

3. 急停状态解除

通过急停继电器判断故障。如果机床一直处于急停状态无法解除，应首先检查急停回路中 KA50 继电器是否吸合，如图 5-14 所示。如果吸合，则可判断出故障不是出自电气回路方面，此时应从别的方面查找原因；若没有吸合，则可判断出故障是因为急停回路短路引起的，此时可以利用万用表对整个急停回路逐步进行检查，检查急停按钮的常闭触点，并确认急停按钮或者行程开关是否损坏。

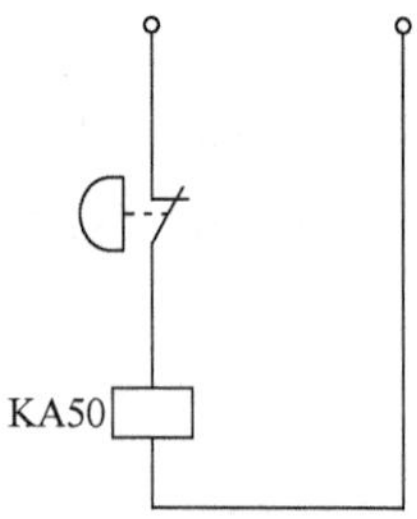

图 5-14 KA50 继电器状态图

1）观察 KA50 是否吸合。若不吸合可能的原因有以下几个。

①急停开关故障。

②急停用继电器绕组故障。

解决方法：使用万用表检查急停部分线路连接状况。

2）X8.4/G8.4 无信号可能的原因如下。

①急停用继电器开闭点故障。

②G8.4 有其他条件没有满足。

解决方法：查看 PLC 输入点状态，如图 5-15 所示。检查急停开关打开或者复位时，X8.4 是否有变化，查看急停回路梯形图。

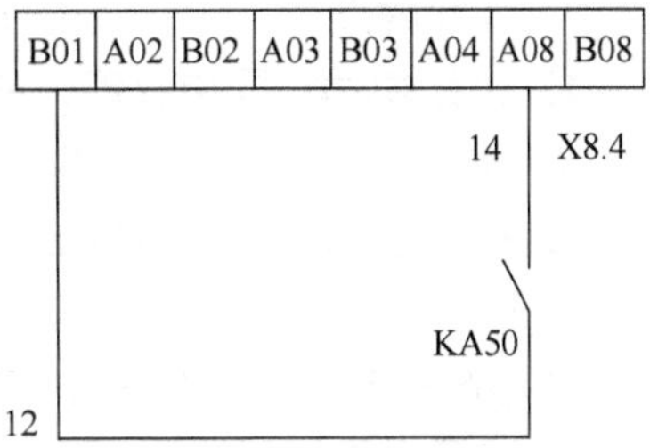

图 5-15　PLC 输入点状态

3）电源回路不上电可能的原因如下。

①伺服放大器急停 CX4 中 KA50 触电未接通。

②KM1 绕组回路故障，如图 5-16 所示。

另外，也可借助 PMC 程序来定位急停故障原因。急停功能程序实时性要求高，通常放在 PMC 第 1 级程序处理，如图 5-17 所示。

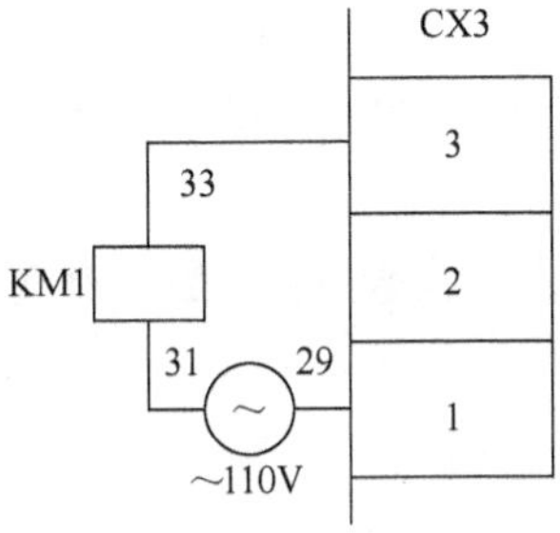

图 5-16　伺服送电回路

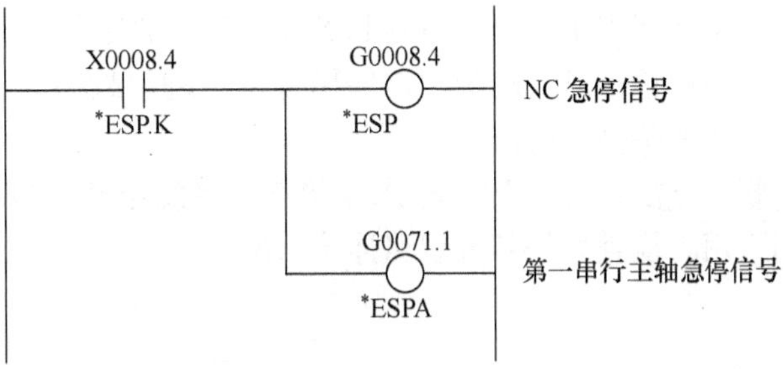

图 5-17　急停控制 PMC 程序

课堂训练

1. 进入 PMC 维护画面，诊断 X8.4 的信号状态，如图 5-18 所示。

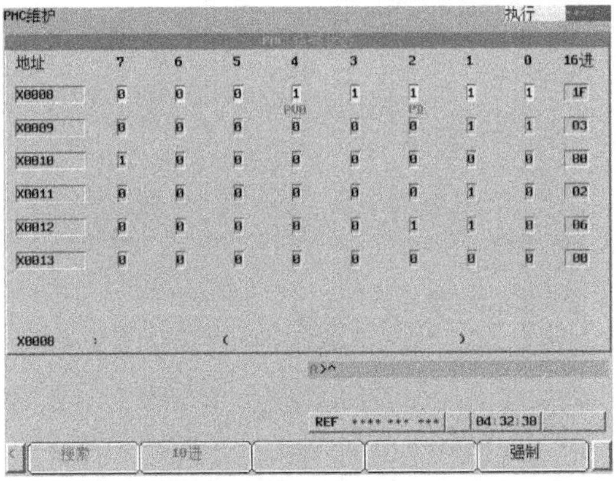

图 5-18　PMC 维护程序

数控机床
PMC 信号诊断

2. 选择题

1）数控机床工作时，当发生任何异常现象需要紧急处理时应启动（　　）。

A. 程序停止功能　　B. 暂停功能　　C. 急停功能　　D. 复位功能

2）急停按钮通常连接（　　）。

A. 常开触点　　B. 常闭触点

3）机床使用过程中急停，MCC 即断开，伺服即断电。这种说法（　　）。

A. 对　　B. 错

4）机床使用过程中急停，电动机抱闸（　　）。

A. 松开　　B. 抱紧　　C. 保持原来状态

5）βiSVSP 伺服放大器的 CX4 端子负责（　　）。

A. 接通主接触器　　B. 连接备份电池

C. 检测有无急停输入　　D. 连接控制电源

课后练习

根据下列提示，总结急停状态无法解除的原因及解决方法。

原因：急停开关故障；急停用继电器绕组故障；急停用继电器开闭点故障；查看 G8.4 是否有其他条件没有满足。

解决方法：查看 PLC 输入点状态，将急停开关打开或者复位，检查 X8.4 是否有变化；使用万用表检查急停部分线路连接状况。

项目6

数控机床主轴系统的调试与维修

任务 6.1　数控机床主轴系统的维护与保养

【知识目标】

1. 了解数控机床主轴传动系统的基本知识。
2. 了解数控机床主轴变速系统的基本知识。
3. 了解数控机床主轴支承方式。

【能力目标】

1. 能够对数控机床的主轴故障进行诊断与排除。
2. 使学生具有识读主传动机械装配图及拆装主传动部件的能力。
3. 能够按要求定期维护保养数控机床主轴部件。

数控机床主轴拆装

6.1.1　主轴系统认知

数控机床主轴与普通机床主抽在机械结构和控制方式上有何区别呢？

数控机床主轴是通过速度指令及 M 码辅助功能指令，驱动主轴进行切削加工。它包括主轴驱动装置，主轴电动机、主轴位置检测装置、传动机构及主轴等部分。数控车床主轴传动系统图、主轴控制示意图和主轴箱结构简图如图 6-1～图 6-3 所示。

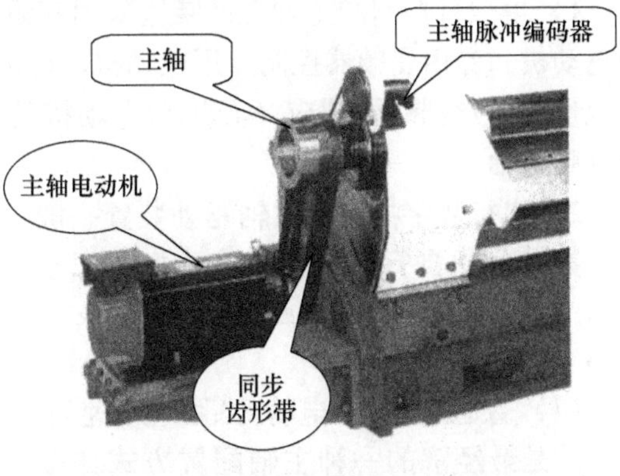

图 6-1　数控车床主轴传动系统图

数控机床的主传动系统是指驱动主轴运动的传动系统，包括主轴电动机、传动系统和其他主轴部件等。

1. 主轴系统分类及特点

全功能数控机床的主传动系统大多采用无级变速。无级变速系统根据控制方式的不同主要可分为变频主轴系统和伺服主轴系统两种，一般采用直流或交流主轴电动机，通过带传动带动主轴旋转，或通过带传动和主轴箱

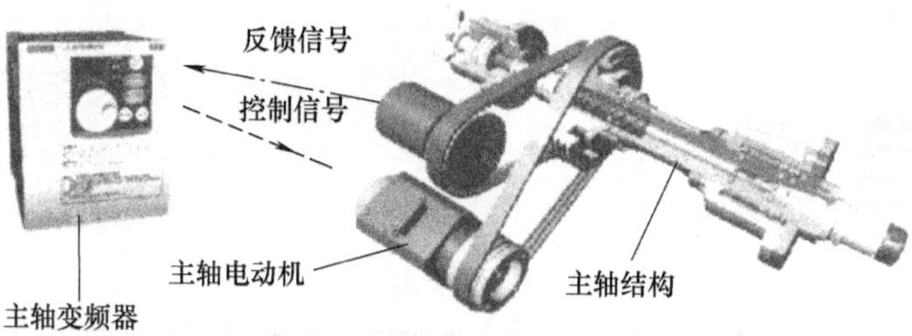

图 6-2 数控车床主轴控制示意图

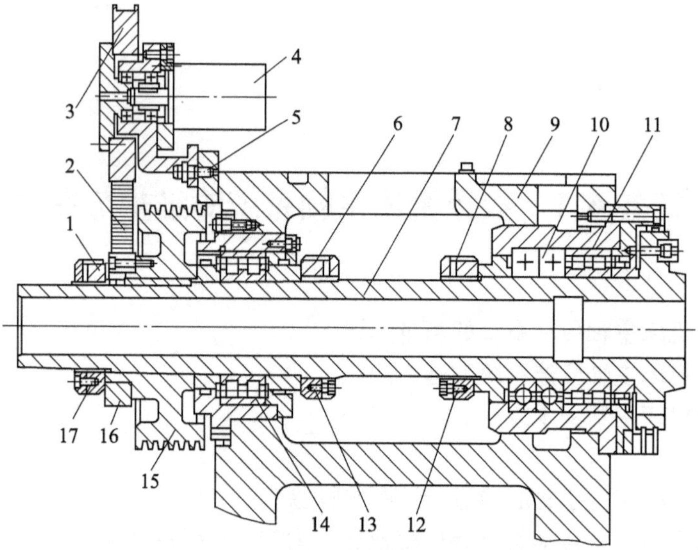

图 6-3 数控车床主轴箱结构简图

1，6，8—螺母 2—同步齿形带 3，16—同步齿形带轮 4—脉冲编码器 5，12，13，17—螺钉 7—主轴 9—主轴箱体 10—角接触球轴承 11，14—圆锥孔双列圆柱滚子轴承 15-带轮

内的减速齿轮（以获得更大的转矩）带动主轴旋转。另外，根据主轴速度控制信号的不同可将主传动系统分为模拟量控制的主轴驱动装置和串行数字控制的主轴驱动装置两类。

1）模拟量控制的主轴驱动装置采用变频器实现主轴电动机控制，有通用变频器控制通用电动机和专用变频器控制专用电动机两种形式。目前大部分的经济型机床均采用数控系统模拟量输出+变频器+感应（异步）电动机的形式，性价比很高，这时也可以将模拟主轴称为变频主轴。

2）串行数字控制的主轴驱动装置一般由各数控公司自行研制并生产，如西门子公司的 611 系列、日本 FANUC 公司的 α 系列等。

（1）普通笼型异步电动机配齿轮变速箱

这是最经济的一种主轴配置方式如图 6-4 所示，但其只能实现有级调速，由于电动机始终工作在额定转速下，经齿轮减速

图 6-4 普通笼型异步电动机配齿轮变速箱

后，在主轴低速下输出力矩大，重切削能力强，非常适合进行粗加工和半精加工。如果加工产品比较单一，对主轴转速没有太高的要求，使用该种配置方式是一个不错的选择。但是该种配置方式噪声比较大，而且由于电动机工作在工频下，主轴转速范围不大，所以不适合有色金属和需要频繁变换主轴速度的加工场合。

（2）普通笼型异步电动机配通用变频器

该种配置方式可以实现主轴的无级调速，一般会采用两档齿轮或传动带变速，如图 6-5 所示，由于主轴电动机只有工作在约 500r/min 以上才能有比较满意的力矩输出，否则，特别是车床很容易出现堵转的情况，所以主轴只能工作在中高速范围。另外，由于受到普通电动机最高转速的限制，主轴的转速范围会受到较大的限制。

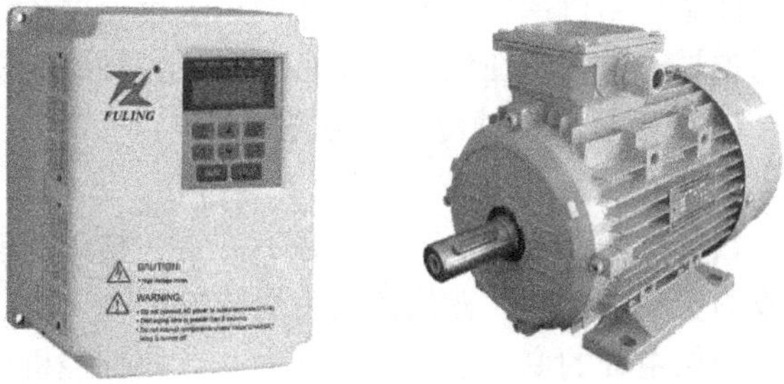

图 6-5　普通笼型异步电动机配通用变频器

该种配置方式适用于需要无级调速但对低速和高速都无要求的场合，如数控钻铣床等。

（3）伺服主轴驱动系统

伺服主轴驱动系统（如图 6-6 所示）具有响应快、速度高、过载能力强的特点，还可以实现定向和进给功能，当然价格也较高，通常是同功率变频器主轴驱动系统的 2~3 倍以上。伺服主轴驱动系统主要应用于加工中心上，用以满足系统自动换刀、刚性攻螺纹等对主轴位置控制性能要求很高的加工。

（4）电主轴

电主轴是主轴电动机的一种结构形式，驱动器可以是变频器或主轴伺服，也可以不要驱动器。电主轴由于将电动机和主轴合二为一，没有传动机构，因此，大大简化了主轴的结构，并且提高了主轴的精度，但是抗冲击能力较弱，而且功率还不能太大，一般在 10kW 以下。由于结构上的优势，电主轴主要往高转速方向发展，一般在 10000r/min 以上。如图 6-7 所示。

图 6-6　伺服主轴驱动系统

图 6-7　电主轴

安装电主轴的机床主要用于精加工和高速加工，如高速精密加工中心，另外在雕刻机、有色金属以及非金属材料加工机床上应用较多。就电气控制而言，机床主轴的控制是有别于机床伺服轴的。一般情况下，机床主轴的控制系统为速度控制系统，而机床伺服轴的控制系统为位置控制系统。换句话说，主轴编码器一般情况下不是用于位置反馈的（也不是用于速度反馈的），而仅作为速度测量元件使用，从主轴编码器上获取的数据，一般有两个用途，一是用于主轴转速显示，二是用于主轴与伺服轴配合运行的场合（如螺纹切削加工、恒线速加工、G95 转进给等）。

注意：当机床主轴驱动单元使用了带速度反馈的驱动装置以及标准主轴电动机时，主轴可以根据需要工作在伺服状态。此时，主轴编码器就作为位置反馈元件使用。

2. 数控机床主轴传动变速方式

（1）分段无级变速

数控机床在实际生产中，并不需要在整个变速范围内均为恒功率，一般只要求在中、高速段为恒功率传动，在低速段为恒转矩传动。为了确保数控机床主轴低速时有较大的转矩，以及确保主轴的变速范围尽可能大，有的数控机床在交流或直流电动机无级变速的基础上配以齿轮变速，从而解决了电动机驱动和主轴传动功率的匹配问题，使之成为分段无级变速，如图 6-8 所示。

分段无级变速的应用及特点：在带有齿轮变速的分段无级变速系统中，主轴的正、反向起动与停止、制动是由电动机实现的，主轴变速则由电动机无级变速与齿轮有级变速相配合来实现。这种配置适用于大中型机床，可确保主轴低速时输出大转矩，高速时输出恒功率特性的要求。

（2）主轴带传动变速

主轴带传动变速主要是将电动机的旋转运动通过带传动传递给主轴，如图 6-9 所示。这种变速方式多见于数控车床和中、小型加工中心，它可避免齿轮传动时引起的振动与噪声。

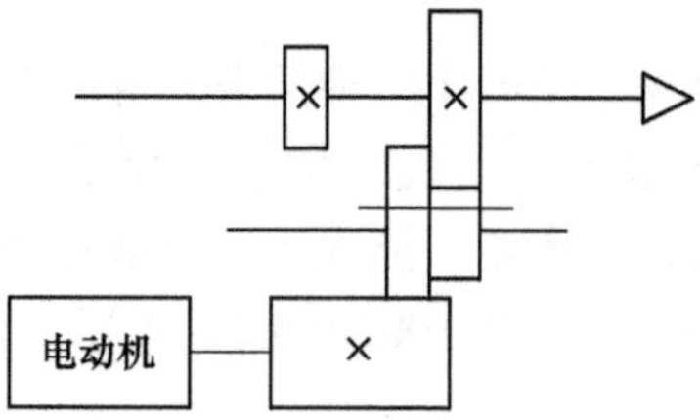

图 6-8　分段无级变速

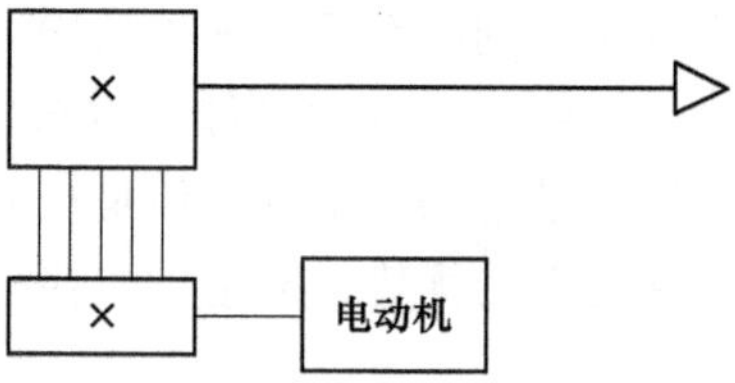

图 6-9　主轴带传动变速

带传动的特点如下。

1）无滑动，传动比准确。

2）传动效率高，可达 98%。

3）传动平稳，噪声小（其有吸振的功能）。

4）使用范围较广，速度可达 50m/s，传动比可达 10 左右。

5）维修保养方便，不需要润滑。

（3）调速电动机直接驱动主轴传动

大部分数控机床一般采用直流或交流主轴伺服电动机直接驱动主轴实现无级变速，如图 6-10 所示。交流主轴电动机及交流变频驱动装置（笼型感应交流电动机配置矢量变换变频调速系统），由于没有电

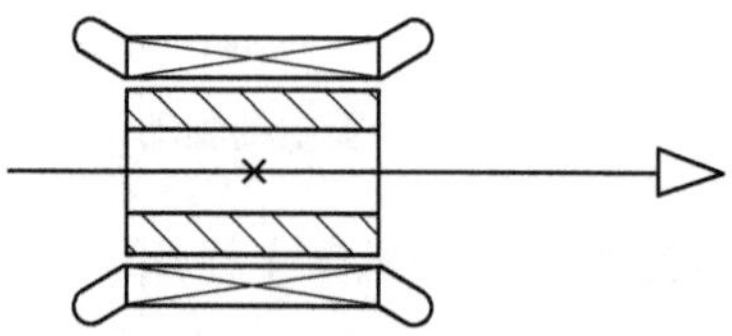

图 6-10　调速电动机直接驱动主轴转动

刷不产生火花，所以使用寿命长，且性能已达到直流驱动系统的水平，甚至在噪声方面还有所降低，因此目前应用较为广泛。

3. 数控机床主轴部件支承方式

数控机床主轴部件常见的支承方式有三种。

1）前支承采用双列短圆柱滚子轴承和60°角接触双列向心推力球轴承组合，后支承采用成对向心推力球轴承，如图6-11所示。此配置可提高主轴的综合刚度，满足强力切削的要求，普遍用于各类数控机床主轴。

2）前支承采用高精度双列向心推力球轴承。向心推力轴承有良好的高速性，主轴最高转速可达4000r/min，但它的承载能力小，适用于高速、轻载、高精密的数控机床主轴，如图6-12所示。

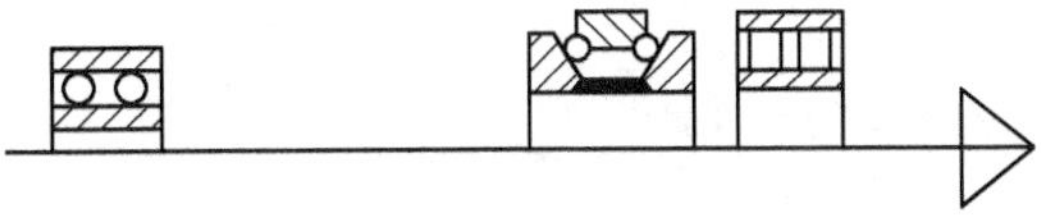

图6-11 支承方式一

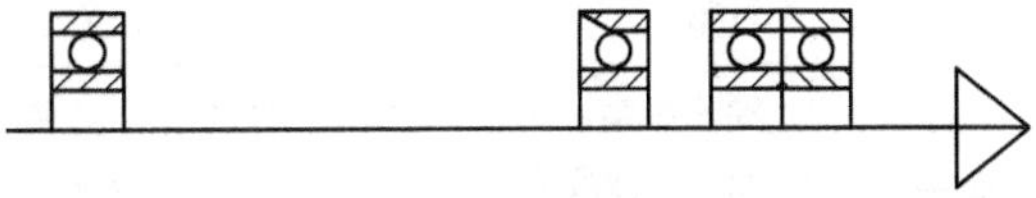

图6-12 支承方式二

3）前、后支承采用双列和单列圆锥滚子轴承。轴承径向和轴向刚度高，能承受重载荷，尤其是可承受较强的动载荷，安装、调整性能好，但这种支承方式限制了主轴转速和精度，所以适用于中等精度、低速重载的数控机床的主轴，如图6-13所示。

在如图6-14所示的主轴结构图中，前轴承采用一组角接触球轴承，用以承受径向力和轴向力，后轴承为一个双排滚柱轴承进行辅助支承，主轴轴承均带有适宜的预紧力，具有很高的刚度和精度。

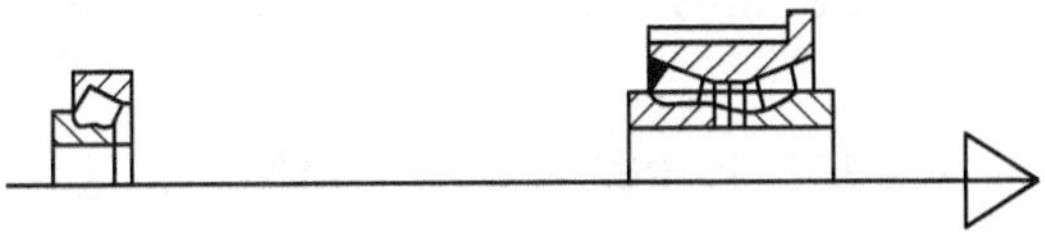

图6-13 支承方式三

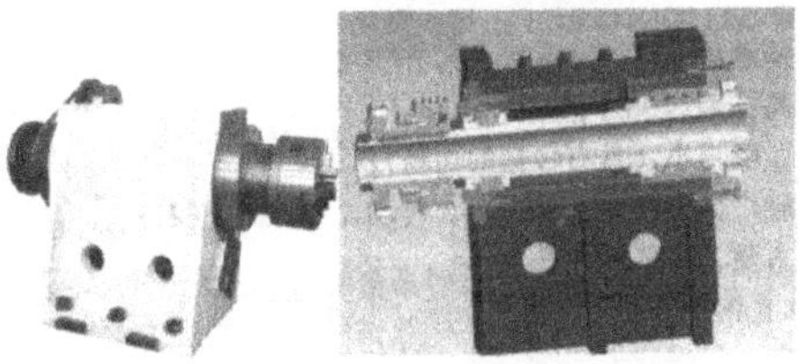

图6-14 某主轴结构图

6.1.2 主轴振动或噪声过大故障分析

主轴出现振动或噪声过大等问题时，首先要弄清楚异常噪声及振动是发生在主轴机械部分还是在电气驱动部分，详细分析方法见表6-1。

表6-1 主轴振动或噪声故障分析

故障部位	可能原因	检查步骤	排除措施
电气部分故障	系统电源断相、相序不正确或电压不正常	测量输入的系统电源	确保电源正确
	反馈不正确	测量反馈信号	确保接线正确，且反馈装置正常

（续）

故障部位	可能原因	检查步骤	排除措施
电气部分故障	驱动器异常，如增益调整电路或颤动调整电路的调整不当	根据参数说明书，设置好相关参数	—
	三相电路的相序不对	用万用表测量输入电源	确保电源正确
机械部分故障	主轴负荷过大		重新考虑负载条件，减轻负载
	润滑不良	是否缺润滑油	加注润滑油
		是否润滑电路或电动机故障	检修润滑电路
		是否润滑部位漏油	更换润滑导油管
	主轴与主轴电动机之间的传动带过紧	在停机的情况下，检查传送带松紧程度	调整传动带的连接
	轴承故障、主轴和主轴电动机之间离合器故障	目测判断该机械结构后目测检查	调整轴承
	轴承拉毛或损坏	拆开相关机械结构后目测检查	更换轴承
	齿轮有严重损伤		更换齿轮
	主轴部件上动平衡不好（从最高速度向下时发生此次故障）	当主轴电动机在最高速度运行时，关掉电源，检查惯性运动运转时是否仍有声音	校核主轴部件上的动平衡条件，调整机械部分
	轴承预紧力不够或预紧螺钉松动	—	调整预紧螺钉
	游隙过大或齿轮啮合间隙过大	—	调整机床间隙

一般检查方法如下。

1）若在减速过程中发生故障，一般是由驱动装置造成的，如交流驱动中的再生回路故障。

2）若在恒转速时产生故障，可通过观察主轴在停车过程中是否有噪声和振动来区别，如果存在，就说明主轴机械部分有问题。

3）检查振动周期是否与转速有关，若无关，则应怀疑是否是主轴驱动装置未调整好；若有关，则应检查主轴机械部分是否良好、测速装置是否良好等。

课堂训练

1. 分析数控车床主轴部件结构及拆装顺序。

1）切断机床动力电源，拆下图 6-15 中未标出的关联部件。

2）拆下电动机带轮、传送带及键。

3）拆下主轴脉冲编码器。

4）拆下同步带轮。

5）拆下主轴后支承处的轴向定位螺钉。

6）拆下主轴前支承套螺钉。

7）拆下主轴部件。

8）拆下圆柱滚子轴承、定位盘及油封。

9）拆下螺母。

10）拆下主轴及前端盖。

11）拆下角接触球轴承及前支承。

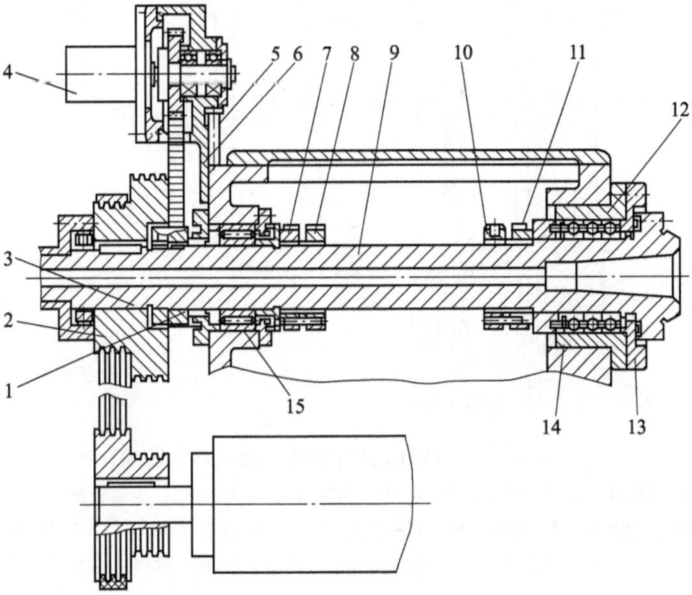

图 6-15　CK7815 型数控车床主轴部件结构图

1—同步带轮　2—带轮　3，7，8，10，11—螺母　4—主轴脉冲发生器　5—螺钉　6—支架　9—主轴
12—角接触球轴承　13—前端盖　14—前支承套　15—圆柱滚子轴承

2. 分析数控铣床主轴部件结构及拆装顺序。

1）切断机床动力电源，拆下图 6-16 中未标出的关联部件，拆下主轴电动机等线路，拆下电动机法兰盘。

2）拆下主轴电动机花键套。

3）拆下罩壳，拆下丝杠螺钉。

4）拆下螺母支承和主轴套筒的联接螺钉。

5）拆下同步带、定位销。

6）拆下主轴部件。

7）拆下主轴前端法兰和油封。

8）拆下主轴套筒。

9）拆下圆螺母。

10）拆下前后轴承和轴承隔套。

11）拆下快换夹头。

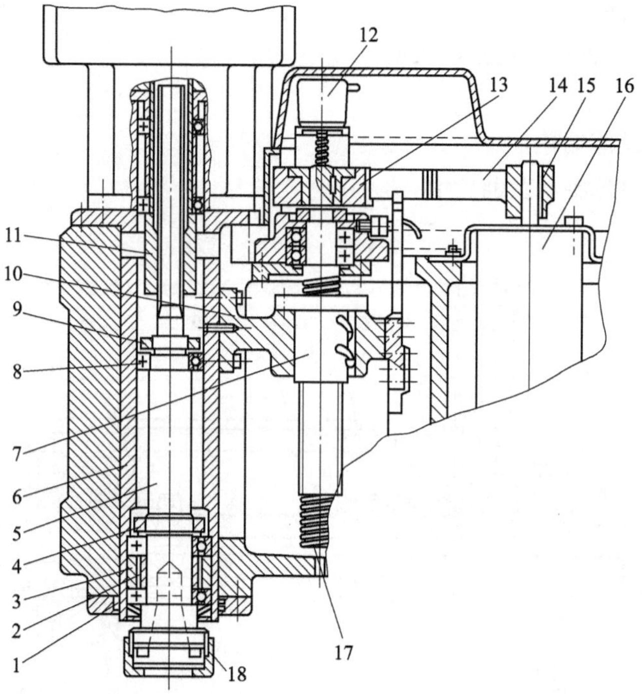

图 6-16　NT-J320A 数控铣床主轴部件结构图

1—角接触球轴承　2，3—轴承隔套　4，9—圆螺母　5—主轴　6—主轴套筒　7—丝杠螺母
8—深沟球轴承　10—螺母支架　11—花键套　12—脉冲编码器　13，15—同步带轮
14—同步带　16—伺服电动机　17—丝杠　18—快换夹头

课外练习

总结数控机床主轴轴承的支承方式，研究轴承的类型和组合的使用情况。

任务 6.2　变频主轴调试与维修

【知识目标】

1. 了解数控机床变频主轴的构成。
2. 了解变频器的工作原理。
3. 熟悉数控机床主轴设定相关的参数。

【能力目标】

1. 能够利用参数设置、电气连接等知识，掌握变频主轴的安装与调试。
2. 具有变频主轴的维护、维修能力。

6.2.1　数控机床变频主轴控制

在上个任务中，讲解了数控机床主轴的机械结构，这个任务将学习数控机床主轴电气系统部分的调试与维修。首先思考一下，如何将图 6-17 中的几个部件连接起来实现数控机床变频主轴的控制？

图 6-17 组成数控机床变频主轴的部件

1. FANUC 数控系统主轴驱动的连接

FANUC 数控系统主轴控制可分为主轴串行输出和主轴模拟输出两种。用模拟量控制的主轴驱动单元（如变频器）和电动机称为模拟主轴，主轴模拟输出接口只能控制一个模拟主轴。按串行方式传送数据（CNC 给主轴电动机的指令）的接口称为串行输出接口，主轴串行输出接口能够控制两个串行主轴，但必须使用 FANUC 的主轴驱动单元和电动机。

（1）FANUC 数控系统模拟主轴的连接

变频主轴的构成部件有 CNC、变频器、主轴电动机及主轴编码器等，它们之间的硬件连接图如图 6-18 所示。

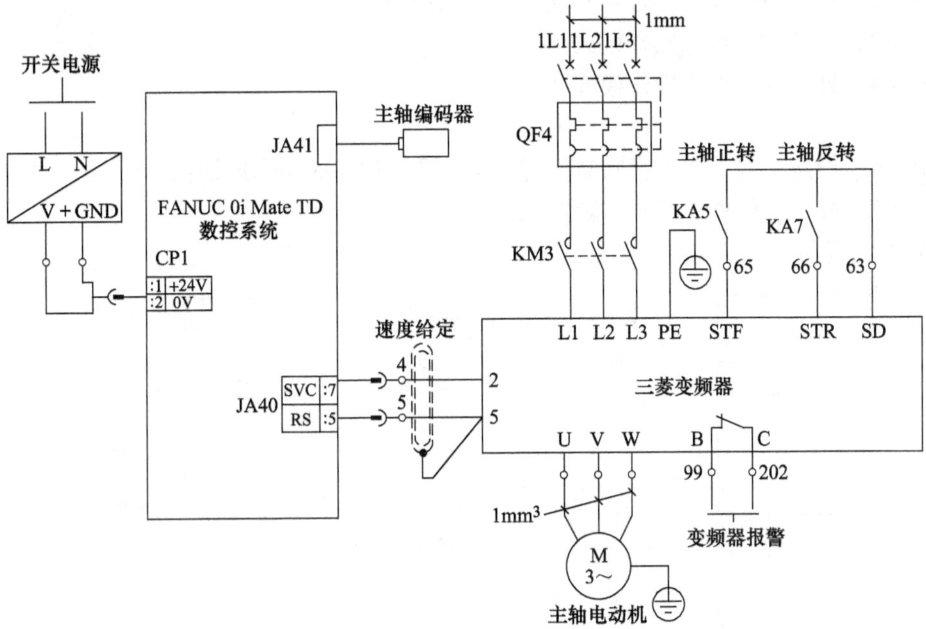

图 6-18 变频主轴硬件连接图

（2）CNC 与主轴相关的系统接口说明

JA40：模拟量主轴的速度信号接口（0～10V），CNC 输出的速度信号（0～10V）与变频器的模拟量频率设定端连接，控制主轴电动机的运行速度。

JA41(JA7A)：串行主轴/主轴位置编码器信号接口，当主轴为串行主轴时，与主轴变频器 JA7B 连接，实现主轴模块与 CNC 系统的信息传递；当主轴为模拟量主轴时，该接口又是主轴位置编码器的主轴位置反馈接口，如图 6-19 所示。

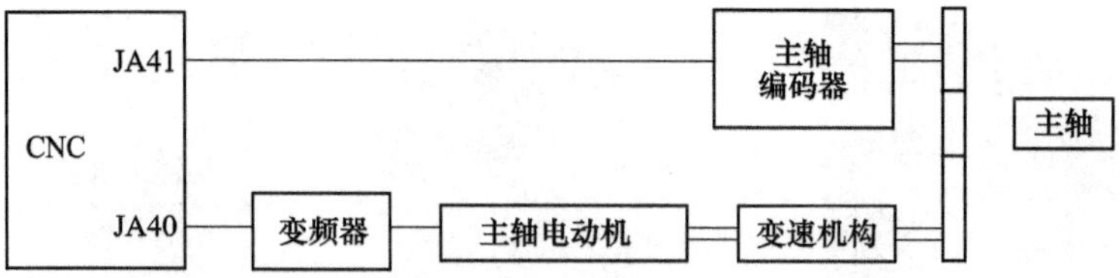

图 6-19　CNC 接口与主轴部件连接

2. 变频器参数和主轴参数设置说明

（1）三菱变频器参数设置说明

变频器的参数设定在调试过程中是十分重要的。参数设定不当，会导致起动、制动的失败，或工作时常跳闸，严重时会烧毁功率模块或整流桥等器件，甚至酿成重大安全事故。变频器的品种不同，参数量亦不同，一般情况下可不变动，只要按出厂值使用即可。

注意：设置参数一定要在关掉变频器输出（非 RUN 状态）后进行！

（2）变频器操作模式选择（Pr79）

Pr79=0，电源投入时为外部操作模式。

Pr79=1，PU 操作模式，用操作面板、参数单元键进行数字设定。

Pr79=2，外部操作模式，若要起动需要来自外部的信号。

Pr79=3，外部/PU 组合操作模式 1。

Pr79=4，外部/PU 组合操作模式 2。

Pr79=5，无。

Pr79=6，切换模式，在运行状态下进行 PU 操作和外部操作的切换。

Pr79=7，外部操作模式（PU 操作互锁）。

变频器的运行模式如图 6-20 所示。

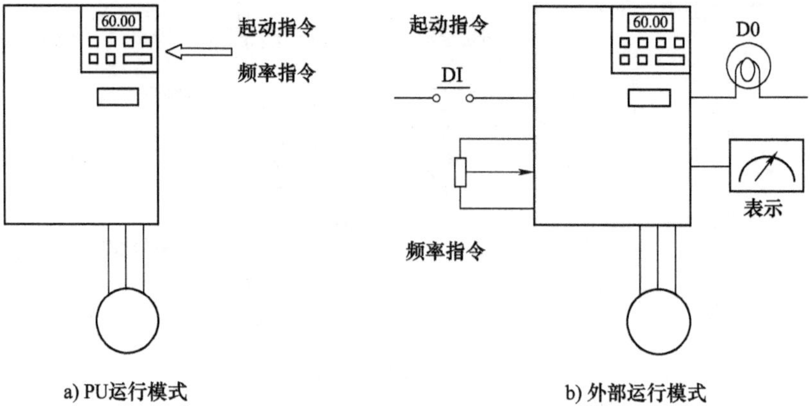

图 6-20　变频器运行模式

（3）模拟主轴时参数的设定

1）上限频率（Pr1）。

2）下限频率（Pr2）。

3）基准频率（Pr3）。

4）加速时间（Pr7）。加速时间是指变频器起动后，从起动频率（可以通过 P13 设置）到达设置频率值的时间，这个时间的出厂设置值为 5s。许多情况下电动机起动时发生因起动电流过大而跳闸的故障，此时可以通过延长这个加速时间而解决。

5）减速时间（Pr8）。有加速时间与减速时间的起动称为软起动。减速时间的设定要根据设备的工艺要求来定，出厂值设为 5s。

6）电子过电流保护（Pr9）。设定电动机的额定电流。

7）适用负荷选择（Pr14）。

8）最高上限频率（Pr18）。

9）基准频率电压（Pr19）。

10）适用电动机（Pr71）。选择“0”时是适合标准电动机热特性。

11）模拟量输入选择（Pr73）。参数为“0”时表示 0~10V，参数为“1”时表示 0~5V（此选项极性不可逆），参数为“10”时表示 0~10V，参数为“11”时表示 0~5V（此选项极性可逆）。

在使用变频器控制主轴时，需对 STF 和 STR 端子的功能进行分配，输入端子功能分配参数设置见表 6-2。

表 6-2 输入端子的功能分配参数设置

<table>
<tr><th>参数</th><th>名称</th><th>单位</th><th>初始值</th><th>范围</th><th>内　容</th></tr>
<tr><td>178</td><td>STF 端子功能选择</td><td>1</td><td>60</td><td>0~5、7、8、10、12、14、16、18、24、25、37、60、62、65~67、9999</td><td rowspan="5">0：低速运行指令
1：中速运行指令
2：高速运行指令
3：第 2 功能选择
4：端子 4 输入选择
5：点动运行选择
7：外部热敏继电器输入
8：15 速选择
10：变频器运行许可信号（FR-HC/FR-CV 连接）
12：PC 运行外部互锁
14：PID 控制有效端子
16：PU-外部运行切换
18：V/F 切换
24：输出停止
25：起动自保持选择
37：三角波功能选择
60：正转指令，只能分配给 STF 端子（Pr. 178）
61：反转指令，只能分配给 STF 端子（Pr. 179）
62：变频器复位
65：PU-NET 运行切换
66：外部-网络运行切换
67：指令权切换
9999：无功能</td></tr>
<tr><td>179</td><td>STR 端子功能选择</td><td>1</td><td>61</td><td>0~5、7、8、10、12、14、16、18、24、25、37、60、62、65~67、9999</td></tr>
<tr><td>180</td><td>RL 端子功能选择</td><td>1</td><td>0</td><td rowspan="3">0~5、7、8、10、12、14、16、18、24、25、37、60、62、65~67、9999</td></tr>
<tr><td>181</td><td>RM 端子功能选择</td><td>1</td><td>1</td></tr>
<tr><td>182</td><td>RH 端子功能选择</td><td>1</td><td>2</td></tr>
</table>

（4）主轴参数设置说明

主轴相关参数见表 6-3，主轴显示及转速到达信号检测相关参数见表 6-4。

表 6-3　主轴相关参数

参数	意　　义	设定值
3716	使用模拟主轴	0
3717	主轴放大器号	1
3718	显示下标	80
3720	主轴脉冲编码器数	4096
3730	主轴速度模拟输出的增益调整	1000
3735	主轴电动机最低钳制速度	0
3736	主轴电动机最高钳制速度	1400
3741	主轴最大速度	1400
3772	主轴上线钳制。一般设为 0，表示不钳制	0
8133#5	不使用串行主轴	1

表 6-4　主轴显示及转速到达信号检测相关参数

参数	意　　义	设定值
3105#0	显示实际速度	1
3105#2	显示实际主轴速度和 T 代码	1
3106#5	显示主轴倍率值	1
3108#7	在当前值显示画面和程序检查，画面上显示 JOG 进给速度或空运行速度	1
3708#0	检查主轴速度到达信号	1

1）FANUC 0i 的模拟主轴设置分为单极性主轴和双极性主轴两种情况，所以设置前首先应通过 CNC 参数“3706#6”“3706#7”设置极性。

2）参数“NO. 3735”设定主轴电动机最低钳制速度，参数“NO. 3736”设定主轴电动机最高钳制速度，设定数据的范围为 0~4095。

但是，主轴电动机钳制速度的设定并不是一直有效的，如果指定了恒表面速度控制功能或 GTT(NO. 3706#4)，那么这两个设置主轴电动机钳制速度的参数就无效。在这种情况下，可以由参数“NO. 3772”（第一轴）、“NO. 3802”（第二轴）、“NO. 3822”（第三轴）设定主轴最大速度。

3）数控机床一般采用手动换档和自动换档两种方式调速，前者是在主轴停止运转后，根据所需要的主轴速度人工拨动机械档位至相应的速度范围；后者是先执行 S 功能，检查所设定的主轴转速，然后根据所在的速度范围发出信号，一般采用液压方式换到相应的档位。所以在程序当中或使用 MDI 方式时，S 功能应该写在 M3(M4) 之前，在某些严格要求的场合，S 指令要写在 M3(M4) 的前一行，使机床能够先判断、切换档位后启动主轴。对于手动换档机床，当S功能设定的主轴速度和所在档位不一致时，M3(M4)若写在S功能前，可以看到主轴首先转动，然后立即停止，再报警的情况，这对机床有一定的损害。因此应注意书写格式。

对每一个档位，都需要设置它的主轴最高转速，这是由参数“NO. 3741”“NO. 3742”“NO. 3743”和“NO. 3744”（齿轮档1、2、3和4的主轴最高转速）所设定的，它们的数据单位是 min^{-1}，数据范围为0~32767。显然，参数的设置和实际机床的齿轮变比有关系，当选定了齿轮组后，相应的参数也就能够设定了。如果M系统选择了T型齿轮换档，即恒表面速度控制或参数“GTT”（NO. 3706#4）设定为1，那么还必须设定参数“NO. 3744”。即使如此，刚性攻螺纹也只能用3档速度。档位的选择由参数“NO. 3751”（设置档1~档2切换点的主轴电动机速度）、参数“NO. 3752”（设置档2~档3切换点的主轴电动机速度）决定，其数值范围为0~4095，参数“NO. 3751”“NO. 3752”的设定要考虑主轴电动机转速和转矩的大小。

另外，要注意在攻螺纹循环时的档位切换有专用的参数：参数“NO. 3761”（设置攻螺纹循环时档1~档2切换点的主轴电动机速度）、参数“NO. 3762”（设置攻螺纹循环时档1~档2切换点的主轴电动机速度），其数据单位为r/min，数据范围为0~32767。

4）主轴速度到达信号SAR是CNC起动切削进给的输入信号。该信号通常用于切削进给必须在主轴达到指定速度后方能起动的场合。此时，用传感器检测主轴速度，所检测的速度通过PMC送至CNC。当用梯形图连续执行以上操作时，如果主轴速度改变指令和切削进给指令同时发出，则CNC系统会根据表示以前主轴状态（主轴速度改变前）的信号SAR错误起动切削进给。为避免上述问题，在发出S指令和切削进给指令后，应对SAR信号进行延时监测。延迟时间由参数“NO. 3740”设定。

使用SAR信号时，需将参数“NO. 3708”第0位（SAR）设定为1。

当该功能使切削进给处于停止状态时，诊断画面上的参数“NO. 06”（主轴速度到达检测）保持为1。

6.2.2 数控机床主轴故障维修

1. 故障1：CJK6032数控车床主轴不转

1）维修前的调查见表6-5。

表6-5 故障调查表

序号	调查项目		内容
1	机床	系统	FANUC 0i MateD数控系统
		变频器	三菱变频器FR700
		电动机	普通三相交流异步电动机
2	有无异常声、音、味		无
3	故障发生时报警号和报警提示		无
4	变频器上有报警指示		无
5	在任何工作方式下		开机，自动或手动方式下运行主轴

2）故障原因分析见表6-6。

表 6-6 主轴不转故障可能原因分析

<table>
<tr><th colspan="2">可能原因</th><th>处理方法</th></tr>
<tr><td rowspan="7">电气</td><td>CNC 无速度信号输出</td><td rowspan="2">1）是否有报警错误代码显示，如有报警，对照相关说明书解决（主要有过电流、过热、过电压、欠电压以及功率模块故障等）
2）检查频率指定源和运行指定源的参数是否设置正确
3）检查智能输入端子的输入信号是否正确</td></tr>
<tr><td>变频器输出端子 U、V、W 不能提供电源</td></tr>
<tr><td rowspan="3">变频器输入端子 U、V、W 不能提供电源</td><td>检查电源是否已提供给端子</td></tr>
<tr><td>检查运行命令是否有效</td></tr>
<tr><td>检查 RS（复位）功能或自由运行停止功能是否处于开启状态</td></tr>
<tr><td>负载过重</td><td>检查电动机负载是否太重</td></tr>
<tr><td>主轴电动机故障</td><td>检查电动机是否损坏</td></tr>
<tr><td rowspan="3">机械</td><td>主轴与电动机之间的传动带过松</td><td>调整传动带松紧</td></tr>
<tr><td>传动带表面有油造成打滑</td><td>用汽油清洗</td></tr>
<tr><td>传动带失效断裂</td><td>更换</td></tr>
</table>

3）维修流程。根据主轴结构、相关电路原理图及参数进行维修，流程如图 6-21 所示。

2. 故障 2：主轴转速慢

主轴转速慢故障分析见表 6-7。

表 6-7 主轴转速慢故障分析

可能原因	检查步骤	排除措施
动力线接线错误	检查主轴伺服与电动机之间的 U、V、W 连线	确保连线对应
CNC 模拟量输出（D/A）转换电路故障	用交换法判断是否有故障	更换相应电路板
CNC 速度输出模拟量与驱动器连接不良或断线	测量相应信号是否有输出且是否正常	更换指令发送口或更换数控装置
主轴驱动器参数设定不当	查看驱动器参数是否正常	依照说明书正确设置参数
反馈线连接不正常	查看反馈连线	确保反馈连线正常
反馈信号不正常	检查反馈信号的波形	调整波形至正确或更换编码器

3. 故障 3：不执行螺纹加工

数控车床加工螺纹，其实质是主轴的转角与 Z 轴进给之间进行的插补。主轴的角度位移通过主轴编码器进行测量。

在本机床上，由于主轴能正常旋转与变速，分析故障原因可能有以下几种。

1）主轴编码器与主轴驱动器之间连接不良。

2）主轴编码器故障。

3）主轴驱动器与数控装置之间的位置反馈信号电缆连接不良。

4）主轴编码器方向设置错误。

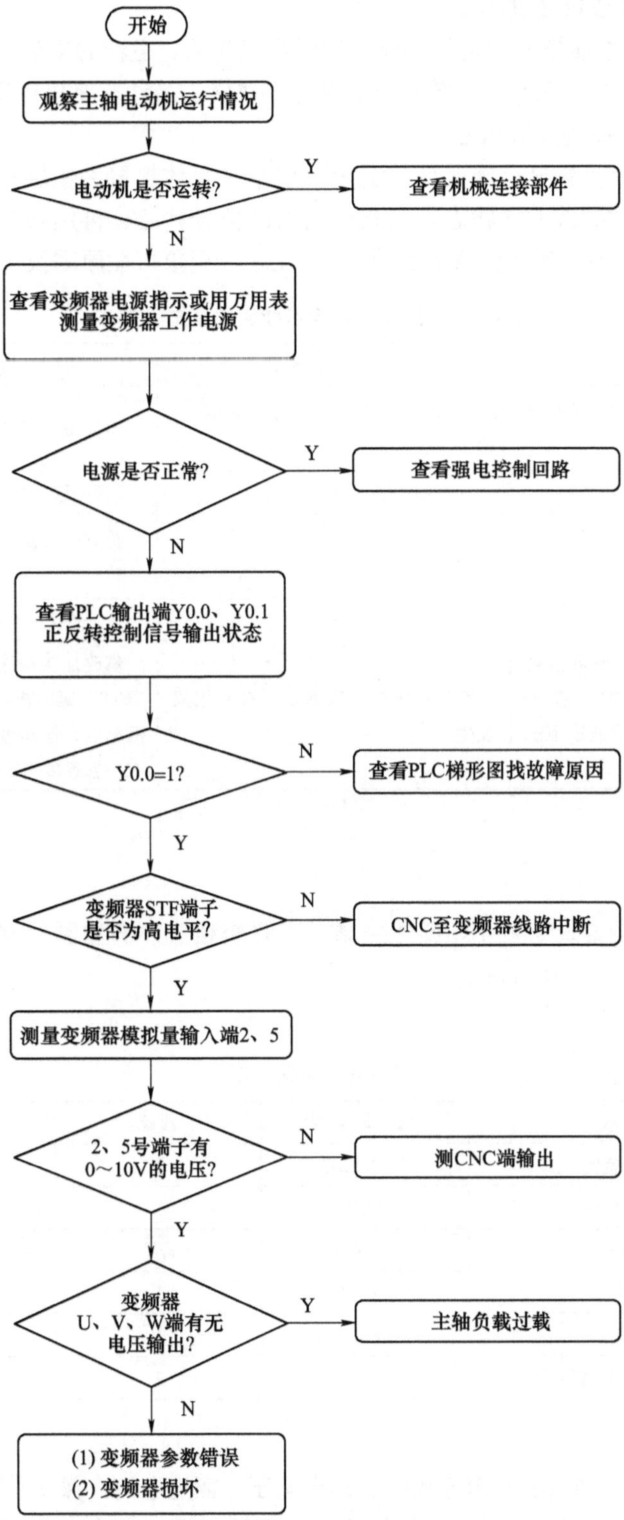
开始
观察主轴电动机运行情况
电动机是否运转?
Y
查看机械连接部件
N
查看变频器电源指示或用万用表测量变频器工作电源
电源是否正常?
Y
查看强电控制回路
N
查看PLC输出端Y0.0、Y0.1正反转控制信号输出状态
Y0.0=1?
N
查看PLC梯形图找故障原因
Y
变频器STF端子是否为高电平?
N
CNC至变频器线路中断
Y
测量变频器模拟量输入端2、5
2、5号端子有0～10V的电压?
N
测CNC端输出
Y
变频器U、V、W端有无电压输出?
Y
主轴负载过载
N
(1) 变频器参数错误
(2) 变频器损坏

图 6-21 维修流程图

4. 故障4：螺纹或攻螺纹加工出现“乱牙”

“乱牙”是由于主轴与 Z 轴进给不能实现同步引起的。主轴的角位移是通过主轴编码器进行测量的。一般螺纹加工时，系统进行的是主轴每转进给动作要执行每转进给的指令，主轴必须有每转一个脉冲的反馈信号。

根据CRT画面有报警显示确认是“乱牙”现象（具体报警为主轴转速与进给不匹配）：通过CRT调用机床数据或I/O状态，观察编码器的信号状态，再用每分钟进给指令代替每转进给指令来执行程序，观察故障是否消失。“乱牙”现象可能原因及排除方法见表6-8。

表6-8 “乱牙”现象可能原因及排除方法

可能原因	检查步骤	排除措施
主轴编码器“零位脉冲”不良或受到干扰	用万用表测量编码器反馈信号，检查是否正常	更换编码器
主轴编码器联轴器松动或断裂	检查编码器连线	确保反馈回路正常
编码器信号线接地、屏蔽不良、被干扰	—	检查编码器信号线接地，排除屏蔽和干扰
主轴转速不稳，有抖动	—	按表6-7检查解决
加工程序有问题，如主轴转速尚未稳定就执行了螺纹加工指令（G32），导致了主轴 Z 轴进给不能实现同步，造成“乱牙”	空运行程序，判断是否有此现象发生	修改加工程序，如在用“G32”前加“G40”延时指令或更改螺纹加工程序的起始点，使其离开工件一段距离，保证在主轴速度稳定后，再开始螺纹加工

课堂训练

基于PLC模拟量方式变频开环调速控制，了解变频器外部控制器端子的功能，掌握外部运行模式下变频器的操作方法。

实训设备见表6-9。

表6-9 实训设备

序号	名称	型号与规格	数量	备注
1	实训装置	THPFSL-2	1	—
2	实训挂箱	C11	1	—
3	导线	3号/4号	若干	—
4	电动机	WDJ26	1	—
5	实训指导书	THPFSL-1/2	1	—
6	计算机（带编程软件）	—	1	自备

控制要求如下。

1）正确设置变频器输出的额定频率、额定电压、额定电流、额定功率及额定转速。

2）通过外部端子控制电动机起动/停止，按下按钮SB1是电动机正转起动，调节输入电压，电动机转速随电压增大而增大。

3）变频器参数及接线图如下。

①变频器参数见表6-10。

表6-10 变频器参数

序号	变频器参数	出厂值	设定值	功能说明
1	P1	50	50	上限频率（50Hz）
2	P2	0	0	下限频率（0Hz）
3	P7	5	5	加速时间（5s）
4	P8	5	5	减速时间（5s）
5	P9	0	0.35	电子过电流保护（0.35A）
6	P160	9999	0	扩张功能显示选择
7	P79	0	2	操作模式选择
8	P73	1	1	0~5V 输入
9	P178	60	60	正转指令分配给 STF
10	P179	61	61	反转指令分配给 STF

注意：设置参数前应先将变频器参数复位为工厂的默认设定值。

②变频器电位器调速硬件接线图如图6-22所示。

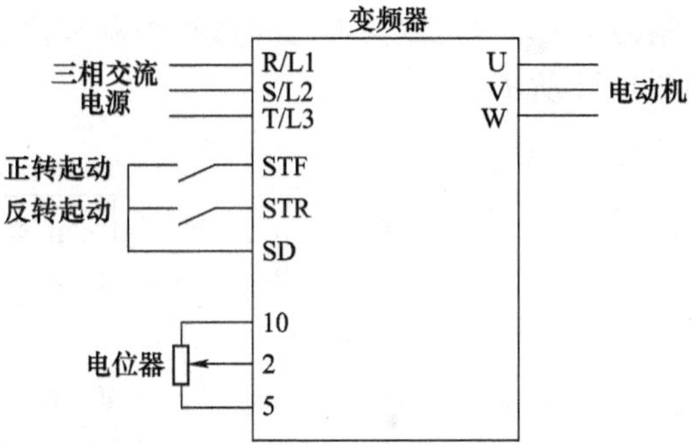

图6-22 变频器电位器调速硬件接线图

请自行绘制出PLC的硬件接线图，要求有电动机正转起动、反向起动及停止按钮，有PLC输出连接两个中间继电器的绕组，而且其触点分别连接到变频器的STF和STR端。

4）操作步骤如下。

①检查实训设备中器材是否安全。

②按变频器电位器调速硬件接线图完成变频器的接线，认真检查，确保正确无误。

③打开电源开关，按照参数功能表正确设置变频器参数。

④打开示例程序或用户自己编写的控制程序，进行编译，有错误时根据提示信息修改，直至无误，用SC-09通信编程电缆连接计算机串口与PLC通信口，打开PLC主机电源开关，下载程序至PLC中，下载完毕后将PLC的“RUN/STOP”开关拨至“RUN”状态。

⑤按下正转按钮“SB1”，调节PLC模拟量模块输入电压，观察并记录电动机的运转情况。

课外练习

1. 硬件连接。变频器控制数控机床主轴的硬件连接，包括主轴速度给定端、主轴正反转控制端、变频器报警输出端的连接。

2. 变频器及数控装置主要参数设置。根据要求充分理解变频器的参数设置，同时掌握FANUC系统参数含义。

3. 主轴常见故障的维修。对于变频主轴的故障，要从软件和硬件方面有一定的分析、维修思路。

任务 6.3　串行数字主轴的调试与维修

【知识目标】

1. 了解数控机床串行主轴的构成。
2. 了解伺服放大器主轴控制的工作原理。
3. 熟悉数控机床串行主轴设定相关的参数。

【能力目标】

1. 能够利用参数设置、电气连接等知识，掌握串行主轴的安装与调试。
2. 具有串行主轴的维护、维修能力。

6.3.1　串行主轴控制

数控机床主轴驱动系统的性能直接决定了加工工件的质量，在数控机床的维修和维护中，主轴驱动系统显得很重要。典型的主轴驱动系统包括主轴驱动装置（主轴放大器）、主轴电动机、主轴传动机构及主轴速度/位置检测装置等。在 FANUC 0i 系列数控系统中，CNC 控制器与主轴伺服放大器之间数据控制和信息反馈采用串行通信。FANUC 系统主轴连接图如图 6-23 所示。

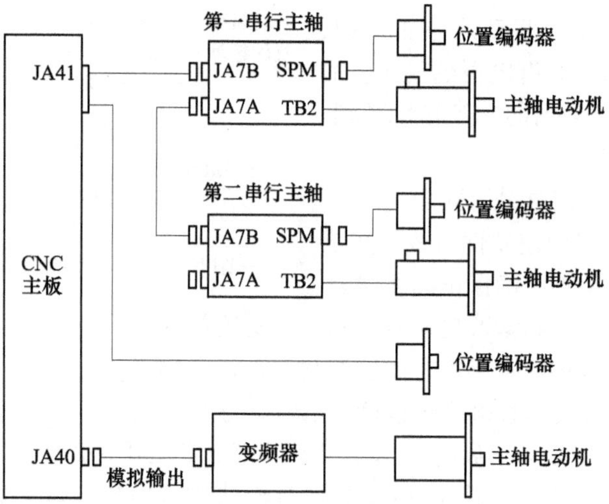

图 6-23　FANUC 0i D 主轴连接示意图

FANUC 串行主轴的连接有以下几个环节：与 CNC 的连接；主轴伺服放大器与电源模块（PSM）、进给伺服放大器（SVM）的连接；主轴伺服放大器与主轴电动机的连接（动力线和信号反馈线）。

主轴定向是对主轴停止位置的简单控制，可以选用主轴位置编码器或电动机内置传感器作为位置信号的检测。FANUC 主轴电动机一般有两种内部传感器：一种是 Mi 传感器，内部有 A/B 相两种信号，一般用来检测主轴电动机的转速，具有这种传感器的电动机仅有速度反馈，不能实现位置控制，若要实现主轴定位功能，需要外加主轴位置编码器。另一种是

MZi 传感器，内部有 A/B 相和 Z 相信号脉冲输出，除检测主轴速度外，还可检测主轴的固定位置。

6.3.2 串行主轴准停

1. 主轴准停控制

（1）采用主轴电动机带 MZi 传感器实现主轴准停控制

利用主轴电动机内装传感器发出的主轴速度、主轴位置信号及主轴一转信号实现主轴准停控制，如图 6-24 所示，这种方式适合主轴电动机与主轴 1∶1 传动的场合。由 CNC 发出主轴准停信号，通过伺服放大器 JYA2 进行主轴位置、主轴速度及主轴一转信号的反馈。

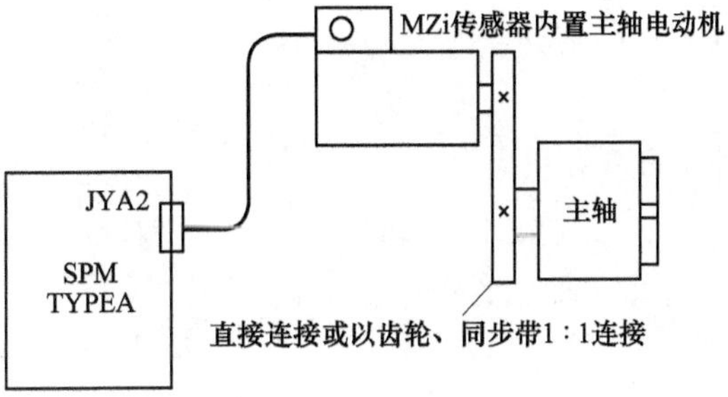

图 6-24 主轴电动机带 MZi 传感器实现主轴准停控制

（2）采用外接主轴独立编码器实现主轴准停控制

利用与主轴电动机 1∶1 连接的编码器实现主轴准停控制，如图 6-25 所示，这种方式适合主轴电动机与主轴任意传动比的场合。由 CNC 发出主轴准停信号，通过伺服放大器 JYA2 进行主轴电动机闭环电流矢量控制，JYA3 进行主轴位置、主轴速度及主轴一转信号的反馈。

（3）采用外接接近开关实现主轴准停控制

利用外接接近开关发出主轴一转信号实现主轴准停控制，如图 6-26 所示，这种方式适合主轴电动机与主轴任意传动比的场合。由 CNC 发出主轴准停信号，通过伺服放大器 JYA2 进行主轴位置、主轴速度及 JYA3 进行主轴一转信号的反馈。

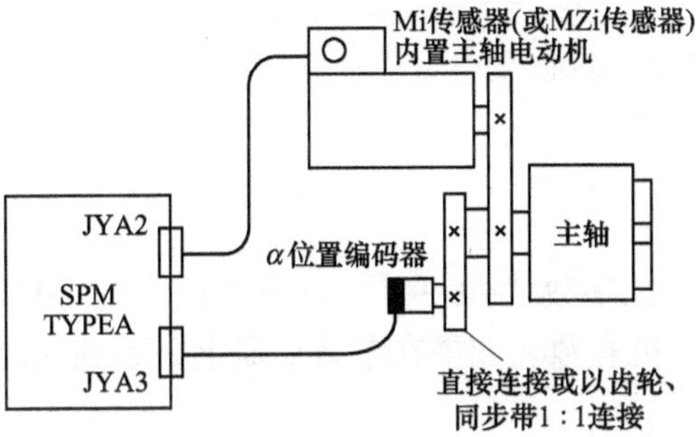

图 6-25 外接主轴独立编码器实现主轴准停控制

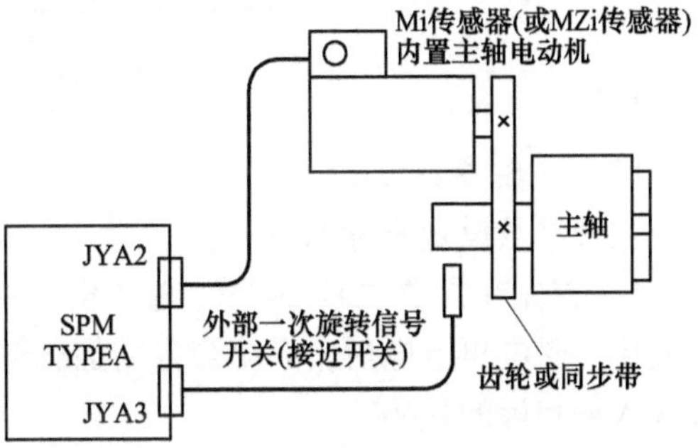

图 6-26 外接接近开关实现主轴准停控制

2. 主轴参数设定

（1）主轴参数设定、调整和监控画面

在 FANUC 0i/0i Mate 系统中把参数“3111#1”（SPS）置为“1”，格式如下：

	#7	#6	#5	#4	#3	#2	#1	#0
3111							SPS	

按［SYSTEM］键，再依次按［→］、［主轴设定］键，出现主轴伺服画面，共有“主

轴设定”“主轴调整”“主轴监控”三个画面，如图 6-27～图 6-29 所示。

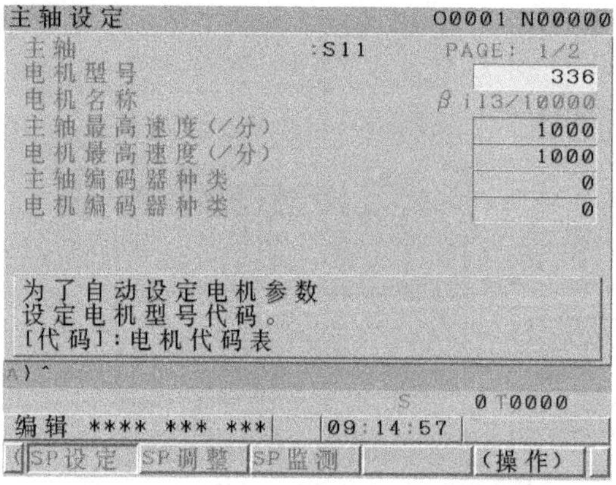

图 6-27 “主轴设定”画面

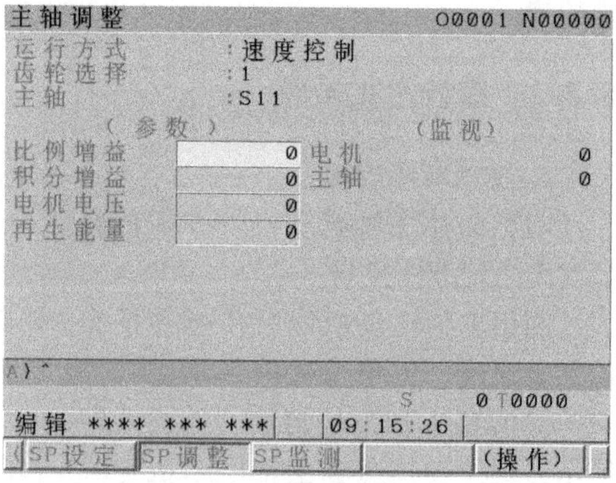

图 6-28 “主轴调整”画面

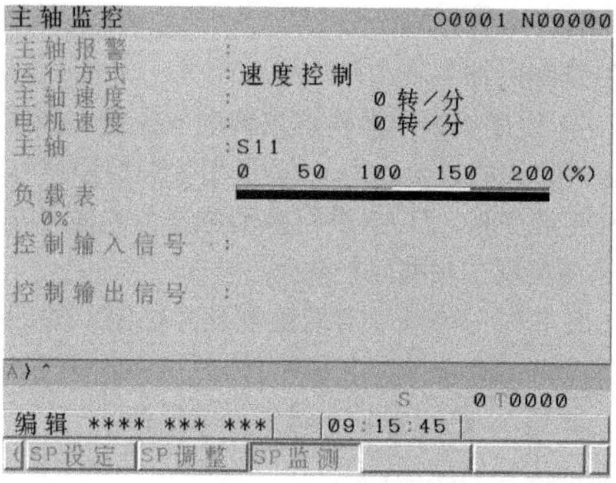

图 6-29 “主轴监控”画面

（2）主轴参数设定

主轴参数设定步骤如下。

1）首先在参数“4133#”中输入电动机代码，把参数“4019#7”设为“1”，进行自动初始化。断电再上电后，系统会自动加载部分电动机参数。如果在参数手册上查不到代码，可输入最相近的代码。

2）初始化后核对主轴电动机参数说明书的参数表，有不同的加以修改（没有出现的不用更改）。修改后主轴初始化结束。

3）设定相关的电动机速率参数，在 MDI 画面输入“M03 S100”，检查主轴运行是否正常（不用串行主轴时，将参数“3701#1ISI”设为“1”，屏蔽串行主轴。参数“3701#4SS2”设为“0”不使用第二串行主轴，否则出现报警）。

注意：若在 PMC 中 MRDY 信号没有置“1”，则参数“4001#0”应设为“0”。

（3）应用举例

1）主轴初始化（以使用单串行主轴为例）：

PRM_4019#7=1；

PRM_3716#0=1，PRM_3717=1；

PRM_4133=“电动机对应代码”，PRM_3720=4096。

断电后，重启（主轴放大器需断电重启），确认 4019#7=0，确认 PSM 电源放大器的 MCC 吸合，主轴放大器显示为稳定的“- - - -”，主轴工作正常。

参数“3716”的格式如下：

	#7	#6	#5	#4	#3	#2	#1	#0
3716								A/S

其中，“#0”用来设定主轴电动机种类，当为“0”时，表示模拟主轴，当为“1”时，表示串行主轴。

参数“3717”的格式如下：

3717	各主轴的主轴放大器号

其中，各号码的意义如下：

“0”——放大器尚未连接。

“1”——使用连接于 1 号放大器的主轴电动机。

“2”——使用连接于 2 号放大器的主轴电动机。

“3”——使用连接于 3 号放大器的主轴电动机。

参数“3720”“4133”的格式如下：

3720	位置编码器的脉冲数
4133	主轴电动机对应代码

2）设定各档最高转速，PRM3741～3743（M 系列需要设定 PRM3736=4095）。

各档速度与参数的关系如图 6-30 所示。

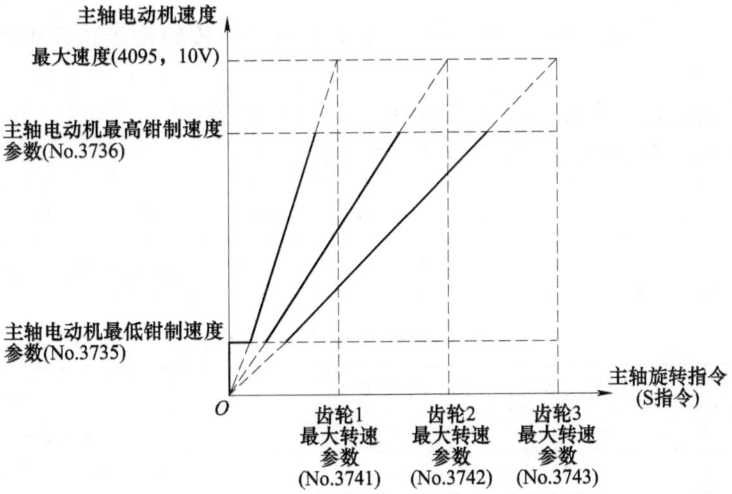

图 6-30 主轴各档速度设定

3）设定主轴编码器类型：主轴和电动机 1 ：1 连接，使用电动机编码器时，设定PRM_4002#0＝1，#1＝0。

使用 TTL 型位置编码器时，设定 PRM_4002#1＝1，#0＝0，旋转主轴，观察主轴速度是否可以显示。参数“4002”的设置说明见表 6-11，其格式如下：

	#7	#6	#5	#4	#3	#2	#1	#0
4002					SSTYP3	SSTYP2	SSTYP1	SSTYP0

表 6-11　参数“4002”设置说明

SSTYP3	SSTYP2	SSTYP1	SSTYP0	说　明
0	0	0	0	没有位置控制功能
0	0	0	1	使用电动机传感器作位置
0	0	1	0	α 位置编码器
0	0	1	1	独立的 BZi、CZi 传感器
0	1	0	0	α 位置编码器 S 类型

在进行串行主轴检测反馈硬件时，主轴的反馈类型主要有以下几种。

①主轴电动机内置 Mi 传感器：内部有 A/B 相两种信号，一般用来检测主轴电动机回转速度，它不可以实现位置控制，也不能进行简单的定向。

②主轴电动机内置 MZi（BZi，CZi）传感器：除了和 Mi 传感器一样有 A/B 两相信号外，其内部还有 Z 相信号，所以 MZi 传感器既可以进行速度控制，还可以进行位置控制。BZi、CZi 传感器检测精度比 MZi 要高。

③α 位置编码器：该编码器输出方波为 1024 线/r，主要用于“主轴电动机内置 Mi 传感器+α 位置编码器”结构，适用于普通数控车床螺纹加工和铣削类刚性攻螺纹。α 位置编码器电缆连接至放大器 JYA3 口，参数“3720”需要设置为编码器的线数。

④α 位置编码器 S 类型：该编码器输出正弦波为 1024 线/r，当进行位置控制时，α 位置编码器 S 类型电缆连接至放大器 JYA4 口。

⑤独立的 BZi、CZi 传感器：当使用独立的 BZi 或 CZi 传感器进行位置控制时，必须将电缆连接至 JYA4 口。

关于主轴定向的相关参数主要有“4010”“4004”两个。

①参数“4010”的设置说明见表 6-12，其格式如下：

	#7	#6	#5	#4	#3	#2	#1	#0
4010						MSTYP2	MSRYP1	MSTYP0

表 6-12　参数“4010”设置说明

MSTYP2	MSTYP1	MSTYP0	
0	0	0	Mi 传感器
0	0	0	MZi、BZi、CZi、传感器

②参数“4004”的格式如下：

	#7	#6	#5	#4	#3	#2	#1	#0
4004					RFTYPE	EXTRF		

其中，“#2”用来设置外接一转信号是否有效，当为“0”时表示无效，当为“1”时表示有效；“#3”用来设置接近开关类型，当为“0”时，表示为 NPN 类型，当为“1”时，表示为 PNP 型。

串行主轴相关参数见表 6-13。

表 6-13 串行主轴相关参数

参数号	符号	意　义	备注
8133#5	—	使用串行主轴	0
3701/1	ISI	—	0
3701/4	SS2	设置路径内的主轴数	0
3708/0	SAR	检查主轴速度到达信号	0
3708/1	SAT	螺纹切削开始检查 SAR	0
3716	—	主轴电动机种类	0
3717	—	各主轴的主轴放大器号	1
3718	—	显示下标	80
3720	—	主轴编码器数	—
3735	—	主轴电动机最低钳制速度（M 系）	0
3736	—	主轴电动机最高钳制速度（M 系）	1400
3741	—	第一档主轴最高速度	—
3742	—	第二档主轴最高速度	—
3743	—	第三档主轴最高速度	—
3744	—	第四档主轴最高速度	—
3751	—	第一档至第二档的切换速度	—
3752	—	第二档至第三档的切换速度	—
4019/7	—	主轴电动机初始化	0
4133	—	主轴电动机代码	—
3772	—	主轴最大速度	—
4020	—	主轴电动机最高速度	—
4031	—	主轴定向角度	（定向角、360）x4096
4038	—	主轴定向速度	—
4077	—	主轴定向时位置偏移量	方向 4031
8135#4	NOR	主轴定向功能的选用	1

6.3.3 主轴故障维修

1. 根据数控系统报警信息进行维修

FANUC 数控系统除在 CNC 上提供了涉及串行主轴报警信息外，还在主轴放大器上提供了报警和错误信息。在维修主轴放大器和主轴电动机时，要充分利用系统和放大器上提供的报警和错误信息进行故障诊断。

例如，“SP1220”报警的含义为系统检测不到主轴放大器，其解决办法如下。

1）测量输入电源放大器（CX1A 插头）的控制电压 AC 200V 是否正常。如果输入电压正常，则更换电源侧板；如果输入电压不正常，则检查输入电压回路。

2）确认从电源放大器输出的 DC 24V 是否正常。如果正常，重新插拔或者更换电源放大器到主轴放大器的 DC 24V 跨接电缆；如果不正常则检查 DC 24V 回路。

2. 根据系统诊断页面提供的主轴维修信息进行维修

数控系统诊断页面提供了主轴故障诊断信息，涉及主轴报警的系统诊断号从“400”开始，维修时当主轴发生故障或错误时，可以对照诊断页面和系统提供的诊断信息综合判断。诊断页面进入的方法如下：在 MDI 方式下，多按几次功能键［SYSTEM］，再按［诊断］键，输入“400”搜索。

维修实例：数控系统在使用中出现“SP9024”报警，主轴放大器上七段数码管显示为“24”，应该如何分析和查找故障原因呢？

“SP9024”报警的含义为串行传送错误（AL-24），故障分析及处理方法如下。

1）CNC 与主轴放大器模块之间电缆的噪声导致通信数据发生异常，应确认有关最大配线长度或通信电缆与动力线绑扎一起。若设备一直在使用，该种情况的可能性较小。

2）电缆故障，应更换电缆。可以更换一根好的通信电缆或使用万用表进行检查。

3）SPM 故障，应更换 SPM 或 SPM 控制印制电路板。可以使用交换法进行故障定位。

4）CNC 故障，应更换与串行主轴相关的板或模块。可以使用交换法进行故障定位。

课堂训练

主轴速度控制运行方式是主轴的基本运行方式，根据下面要求实现主轴速度控制功能。

某数控机床系统为 FANUC 0i MateD 系统，主轴电动机内置 MZi 速度和位置传感器，主轴电动机最高转速为 10000r/min，主轴最高转速 6000r/min，只有 1 档速度，主轴电动机与主轴传动比为 1∶1.

要求：画出主轴具体接线图，如图 6-31 所示，写出主轴需要设置的主要参数，填入表 6-14 中。

表 6-14　主轴需要设置的主要参数

参数号	含　义	设 置 值

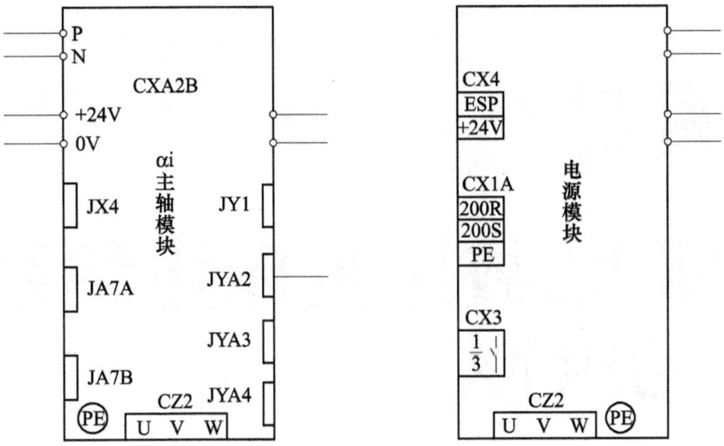

图 6-31 主轴模块和电源模块接线图

课外练习

总结 FANUC 0i D 数控系统串行主轴设置需要的参数。

项目7 FANUC数控机床进给系统的调试与维修

任务7.1 数控机床进给传动链的维护与保养

【知识目标】

1. 了解数控机床进给传动机械的结构特点。
2. 了解数控机床典型机械零部件的结构特点。

【能力目标】

1. 能够识读数控机床进给传动的图纸。
2. 具备数控车床进给功能调试的能力。

7.1.1 数控机床的进给系统

1. 进给传动系统组成

根据图7-1所示，分析数控机床与普通机床进给系统在结构布置上有什么不同之处?

1）数控机床进给传动链的首端件是伺服电动机。

2）传动机构大多采用滚珠丝杠取代滑动丝杠。

3）垂直布置的进给传动系统结构中设置有制动装置。

4）齿轮副采用了消除齿轮啮合间隙结构。

CA6140车床结构如图7-2所示。

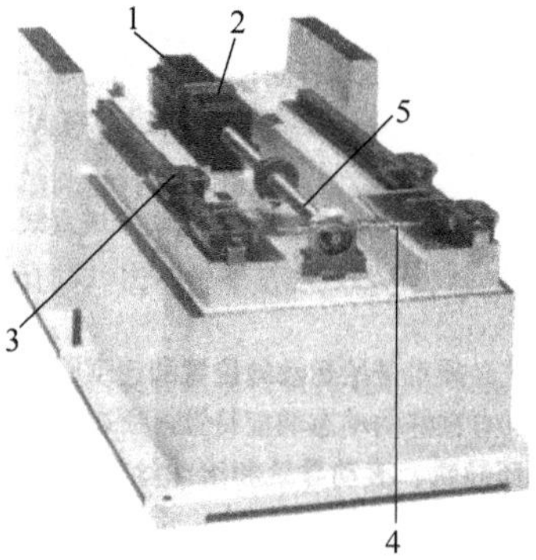

图7-1 数控车床进给系统

1—电动机 2—联轴器 3—导轨 4—润滑系统 5—丝杠

2. 数控机床进给传动类型

数控机床进给传动类型可以分为直线进给运动和圆周进给运动两种。圆周进给运动除少数情况直接使用齿轮副外，一般都采用蜗轮蜗杆副。直线进给运动一般都采用以下几种结构。

1）通过丝杠螺母副（通常为滚珠丝杠或静压丝杠），将伺服电动机的旋转运动变成直

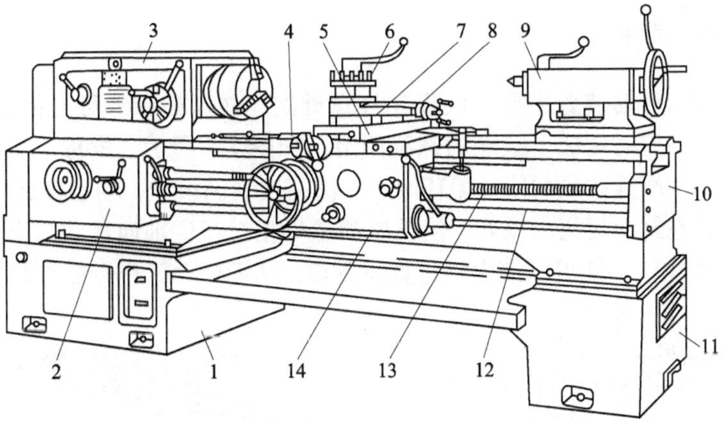

图 7-2 CA6140 车床结构

1，11—床腿 2—进给箱 3—主轴箱 4—床鞍 5—中滑板 6—刀架 7—回转盘 8—小滑板 9—尾座 10—床身 12—光杠 13—丝杠 14—溜板箱

线运动。

2）通过齿轮、齿条副，将伺服电动机的旋转运动变成直线运动。

3）直接采用直线电动机进行驱动。

3. 进给传动系统的特点

数控机床的进给传动系统必须对进给运动的位置和速度同时实现自动控制，除了要求具有较高的定位精度外，还应具有良好的动态响应特性。所以，主要采取的措施有以下几个。

1）采用贴塑导轨、静压导轨、滚动导轨和滚珠丝杠螺母副等低摩擦的传动副，减小运动副之间的摩擦力。

2）减小传动系统折算到驱动轴上的转动惯量，提高工作台跟踪指令的快速反应能力。

4. 数控机床进给传动系统的机械传动装置方案

数控机床进给传动方案一般有以下两种，如图 7-3 所示，电动机可直接驱动，或经过减速装置后驱动。

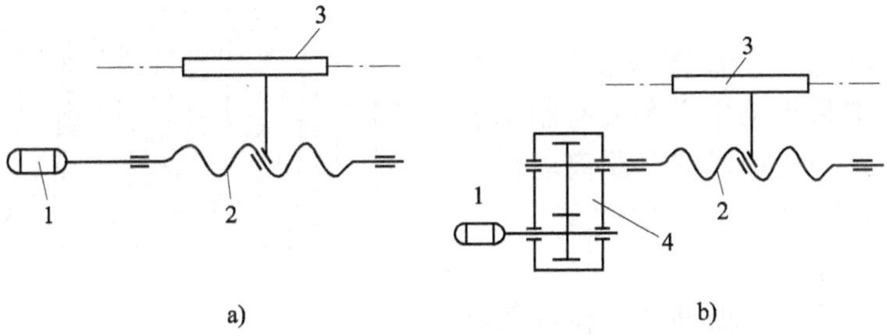

图 7-3 数控机床进给传动方案

1—伺服电动机 2—滚珠丝杆副 3—工作台 4—减速器

如图 7-3a 所示方案采用负载能力强的伺服电动机，直接通过丝杠带动工作台进给，传动链短，刚度大，传动精度高，是现代数控机床进给传动的主要组成形式。如图 7-3b 所示方案改变了加在电动机上的负载转矩，以实现其与电动机输出转矩的最佳匹配。

7.1.2 进给传动装置

数控机床的进给传动装置主要为滚珠丝杠螺母副。在丝杠和螺母上都有半圆形的螺旋槽，当它们套装在一起时便成了滚珠的螺旋滚道，如图 7-4 所示，螺母上有滚珠回珠滚道，将数圈螺旋滚道的两端连接成封闭的循环滚道，滚道内装满滚珠，当丝杠旋转时，滚珠在滚道内自转，同时又在封闭滚道内循环，使丝杠和螺母相对产生轴向运动。当丝杠（或螺母）固定时，螺母（或丝杠）即可以产生相对直线运动，从而带动工作台做直线运动。

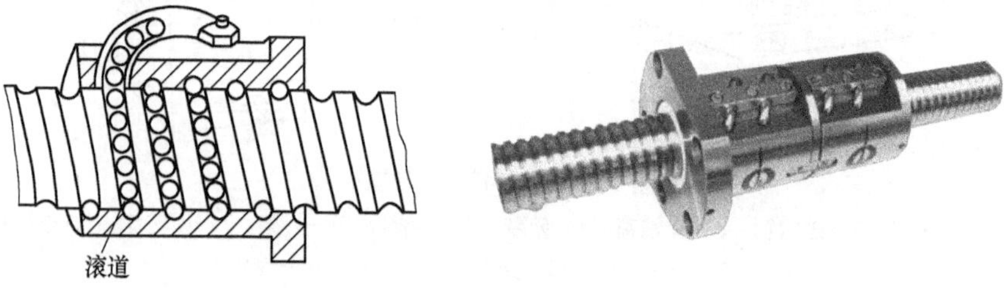

图 7-4　数控机床用滚珠丝杠螺母副

1. 滚珠丝杠螺母副特点

1）摩擦损失小，传动效率高。

2）给予适当预紧，可消除丝杠和螺母的螺纹间隙，定位精度高，刚度好。反向时就可以消除空行程死区。

3）运动平稳。摩擦力几乎与运动速度无关，动、静摩擦力的变化也很小，故不易产生低速爬行现象，传动精度高。

4）运动具有可逆性，可以从旋转运动转换为直线运动，也可以从直线运动转换为旋转运动，即丝杠和螺母都可以作为主动件。

5）磨损小，使用寿命长。

6）制造工艺复杂。滚珠丝杠和螺母等元件的加工精度和表面粗糙度要求较高，成本高。

7）不能实现自锁。当用在垂直传动或水平放置的高速大惯量传动中必须装有制动装置。为了防止安装、使用时螺母脱离丝杠滚道，在机床上还必须配置超程保护装置。

2. 滚珠丝杠的结构

滚珠丝杠可以分为内循环和外循环两种类型。

1）内循环：螺母上安装有反向器接通相邻滚道，使滚珠成单圈循环，如图 7-5 所示。内循环滚珠丝杠结构紧凑，刚度好，滚珠流通性好，摩擦损失小，但制造较困难，适用

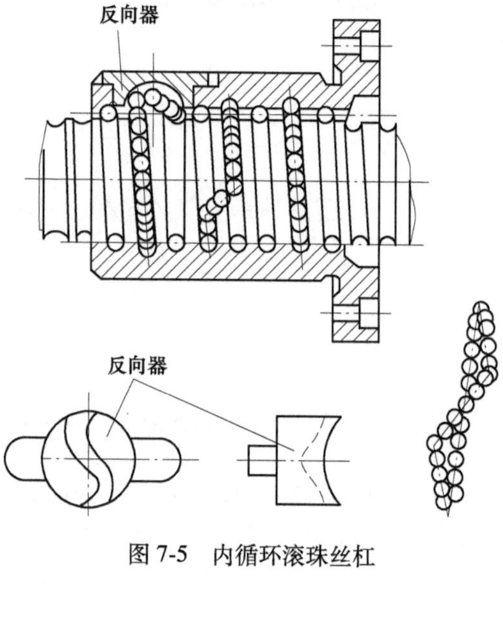

图 7-5　内循环滚珠丝杠

于高灵敏、高精度的进给系统，不宜用于重载传动中。

2）外循环：滚珠在循环过程结束后，通过螺母外表面上的螺旋槽或插管返回丝杆螺母间，重新进入循环。

如图 7-6 所示为常见的外循环滚珠丝杠。在螺母外圆上装有螺旋形的插管口，其两端插入滚珠螺母工作始末两端孔中，以引导滚珠通过插管，形成滚珠的多圈循环链。

外循环滚珠丝杠结构简单，工艺性好，承载能力较强，但径向尺寸较大，可用于重载传动系统。

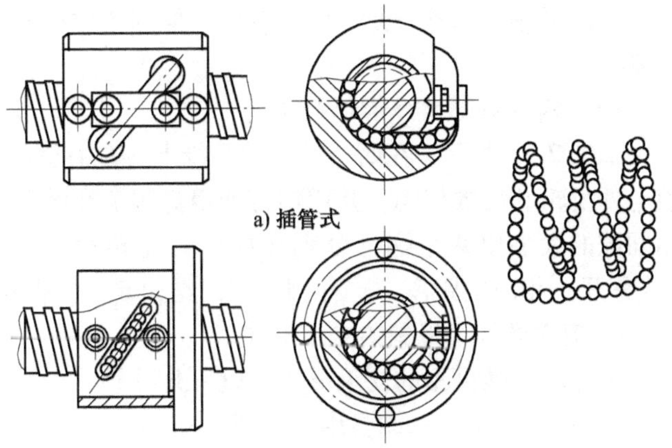

a) 插管式

b) 螺旋槽式

图 7-6 外循环滚珠丝杠

3. 滚珠丝杠螺母副轴向间隙调整

轴向间隙通常是指丝杠和螺母无相对转动时，丝杠和螺母之间的最大轴向窜动。除了结构本身的游隙之外，在施加轴向载荷之后，轴向间隙还包括弹性变形所造成的窜动。

可通过预紧方法消除滚珠丝杠螺母副间隙，并能提高刚度。滚珠丝杠螺母副的预紧方法与螺母的形式有关。

注意：预紧虽能有效地减小弹性变形所带来的轴向位移，但过大的预加载荷将增加摩擦阻力，降低传动效率，并使整个传动副的寿命大为缩短。所以一般要经过多次调整才能保证机床在最大轴向载荷下既消除了间隙，又能灵活运转。

常用的滚珠丝杠螺母副轴向间隙调整方法如图 7-7 所示。

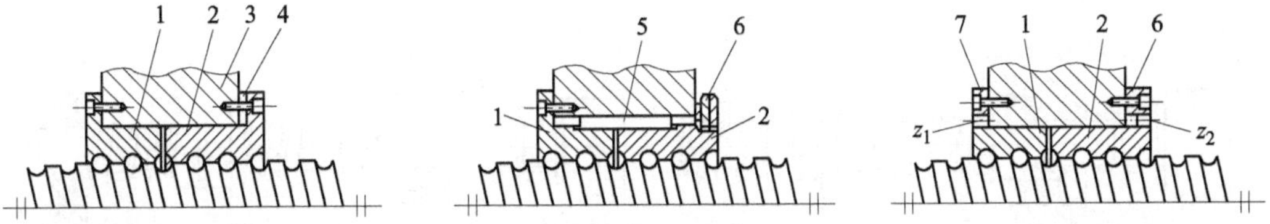

a) 垫片调隙式双螺母结构　b) 螺纹调隙式双螺母结构　c) 齿差调隙式双螺母结构

图 7-7 滚珠丝杠螺母副轴向间隙调整方法

1，2—单螺母　3—螺母座　4—调整垫片　5—平键　6—调整螺母　7—内齿扇　z_1，z_2—齿轮齿数

（1）垫片调隙式双螺母结构

如图 7-7a 所示，其结构通过改变垫片的厚度，使两个螺母间产生轴向位移，从而两螺母分别与丝杠螺纹滚道的左右两侧接触，达到消除间隙和产生预紧力的作用。这种垫片结构简单可靠、刚性好，但调整时费时，且不能在工作中随意调整。

（2）螺纹调隙式双螺母结构

如图 7-7b 所示，其结构是利用螺母来实现预紧，两个螺母以平键与外套相连，平键可以限制螺母在外套内转动，螺母 1 的外端有凸缘。螺母 2 外端无凸缘但有螺纹，并伸出套筒外，并用两个调整螺母 6 固定。旋转调整螺母 6 即可消除间隙，并产生预紧力。这种结构紧凑，工作可靠，调整方便，应用较广，但调整位移量不易精确控制，因此预紧力也不能精确控制。

（3）齿差调隙式双螺母结构

如图 7-7c 所示，在两个螺母的凸缘上各制有圆柱外齿轮，齿数差为 1，两个内齿圈的齿数与外齿轮的齿数相同，并用螺钉和销钉固定在螺母座的两端。调整时先将内齿圈取出，根据间隙的大小使两个螺母分别在相同方向转过一个齿或几个齿，使螺母在轴向彼此移近（或移开）相应的距离。这种调整方式结构复杂，但调整准确可靠，精度高。

4. 滚珠丝杠螺母副的支承形式

滚珠丝杠螺母副的支承形式有以下几种。

1）一端固定、一端自由，如图 7-8a 所示。仅在一端安装可以承受双向轴向载荷与径向载荷的推力角接触球轴承或滚针推力圆柱滚子轴承，并进行轴向预紧；另一端完全自由，不做支承。该形式结构简单，但承载能力较小，总刚度较低，但随着螺母位置的变化刚度变化较大，通常适用于丝杠长度、行程不长的情况。

2）一端固定、一端支承，如图 7-8b 所示。在一端安装可以承受双向轴向载荷与径向载荷的推力角接触球轴承或滚针推力圆柱滚子轴承，另一端安装向心球轴承，仅做径向支承，轴向游动。该形式提高了临界转速和抗弯强度，可以防止丝杠高速旋转时的弯曲变形，适用于丝杠长度、行程较长的情况。

3）两端固定方式，如图 7-8c 所示在滚珠丝杠的两端安装推力轴承，并进行轴向预紧，有助于提高传动刚度。丝杠热变形伸长时，将使轴承去载，产生轴向间隙。

4）两端装推力轴承及深沟球轴承。为使丝杠具有较大刚度，它的两端可用双重支承，即推力轴承加深沟球轴承，并施加预紧拉力。这种结构方式可使丝杠的温度变形转化为推力轴承的预紧力，但设计时要求提高推力轴承的承载能力和支架刚度。

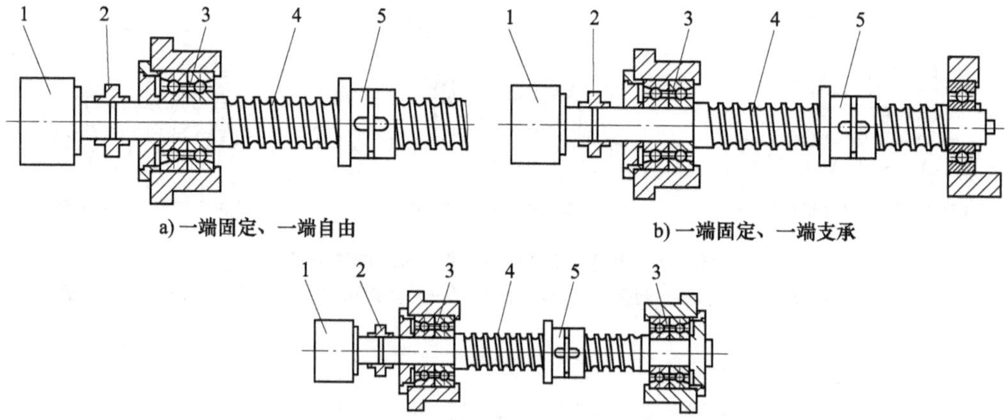

a) 一端固定、一端自由　　b) 一端固定、一端支承

c) 两端固定方式

图 7-8　滚珠丝杠螺母副的支承形式

1—电动机　2—弹性联轴器　3—轴承　4—滚珠丝杆　5—滚珠丝杆螺母

5. 滚珠丝杠螺母副与驱动电动机的连接

滚珠丝杠螺母副与驱动电动机的连接如图 7-9 所示，常见的有以下三种方式。

（1）联轴器直接连接（如图 7-9a 所示）。其优点包括：具有最大的扭转刚度；传动机构本身无间隙，传动精度高；结构简单，安装、调整方便。

该连接方式在大、中型机床上使用时难以发挥伺服电动机高速、低转矩的特性，所以只适用于输出转矩要求在 15～40N·m 的中、小型机床或高速加工机床中。

（2）通过齿轮连接（如图 7-9b 所示）

1）通过齿轮连接的优点如下。

① 可以降低丝杠、工作台的惯量在系统中所占的比重，提高进给系统的快速性。

② 可以充分利用伺服电动机高转速、低转矩的性能，使其变为低转速、大转矩输出，获得更大的进给驱动力。

③ 在开环步进系统中还可起到机械、电气间的匹配作用，使数控系统的分辨率和实际工作台的最小移动单位统一。

④ 进给电动机和丝杠中心可以不在同一直线上，布置灵活。

2）通过齿轮连接的缺点如下。

① 传动装置结构复杂将会降低传动效率，增大噪声。

② 传动级数的增加必将带来传动部件的间隙和摩擦的增加，从而影响进给系统的性能。

③ 传动齿轮副的间隙存在于开环、半闭环系统中，将影响加工精度，在闭环系统中，由于位置反馈的作用，间隙产生的位置滞后量虽然能通过系统的闭环自动调节得到补偿，但也将带来反向时的冲击作用，甚至导致系统产生振荡而影响系统的稳定性。

（3）通过同步齿形带连接（如图 7-9c 所示）

其具有带传动和链传动的共同优点，与齿轮传动相比结构更简单，制造成本更低，安装调整更方便，并且传动不打滑、不需要大的张紧力，传动效率可以达到 98%～99.5%，最高线速度可以达到 80m/s，故广泛用于一般数控机床和高速、高精度的数控机床中。

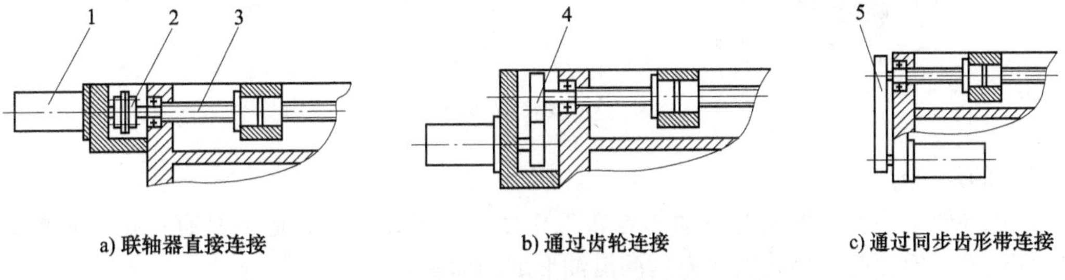

图 7-9　滚珠丝杠螺母副与驱动电动机的连接

1—驱动电动机　2—联轴器　3—丝杠　4—减速器　5—同步齿形带

7.1.3　数控机床导轨

数控机床导轨的作用是支承和导向，支承运动部件并保证运动部件在外力（运动部件本身的重量、工件的重量、切削力及牵引力等）的作用下，能准确地沿着一定的方向运动。

数控机床上常用的导轨，按其接触面间摩擦性质的不同，可分为滑动导轨、滚动导轨和静压导轨三大类。

1. 滑动导轨

滑动导轨的结构简单、制造方便、刚度好、抗振性强，但也存在摩擦因数大、磨损快、使用寿命短等缺陷。现代数控机床中多使用镶钢贴塑滑动导轨，如图 7-10 所示。

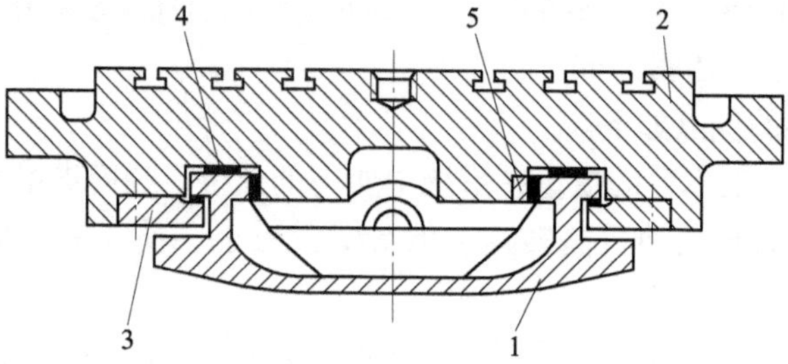

图 7-10　镶钢贴塑滑动导轨

1—床身　2—工作台　3—压板　4—贴塑面　5—镶条

2. 滚动导轨

在导轨工作面间放入滚珠、滚柱或滚针等滚动体，如图 7-11 所示，使导轨面之间的滑动摩擦变为滚动摩擦，这样的导轨称为滚动导轨。它可以大大降低摩擦因数，提高运动灵敏度。现在广泛应用的直线运动导轨（滚动直线导轨副）就是一种滚动导轨，其润滑方便，易于安装，有成品部件可供选用。

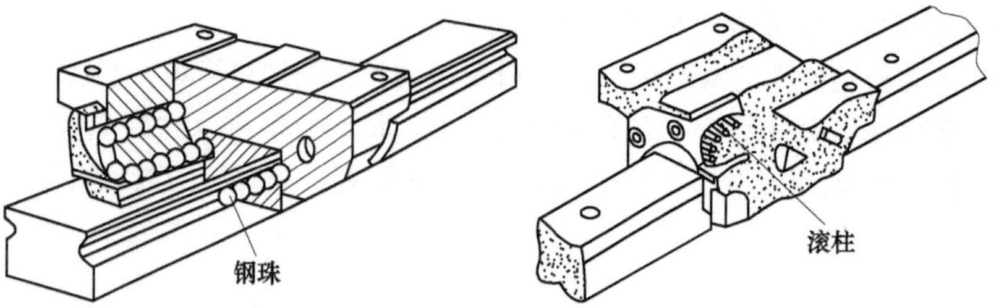

图 7-11　滚动导轨结构

3. 静压导轨

静压导轨是在两个做相对运动的导轨工作面之间开设油腔，通入具有一定压强的润滑油，使运动导轨浮起，导轨面间充满润滑油形成的油膜。

工作时，油腔的油压能随外载荷的变化自动调整，保证导轨面间始终处于纯液体摩擦状态。静压导轨的基本形式有开式静压导轨和闭式静压导轨两种。数控机床上常用闭式静压导轨。

7.1.4　进给装置的拆装

数控机床中的进给装置一般是由伺服电动机通过弹性联轴器驱动滚珠丝杠，使滑板做横向运动，如图 7-12 所示。滚珠丝杠的后支承轴承为一组 3 个 60°精密角接触球轴承，后支承为一组 2 个 60°精密角接触球轴承，利用前后支承装配时可给丝杠施加适当的预拉力。

进给装置可进行拆装的主要部件为伺服电动机、联轴器、滚珠丝杠、丝杠轴承、工作台及行程开关等。

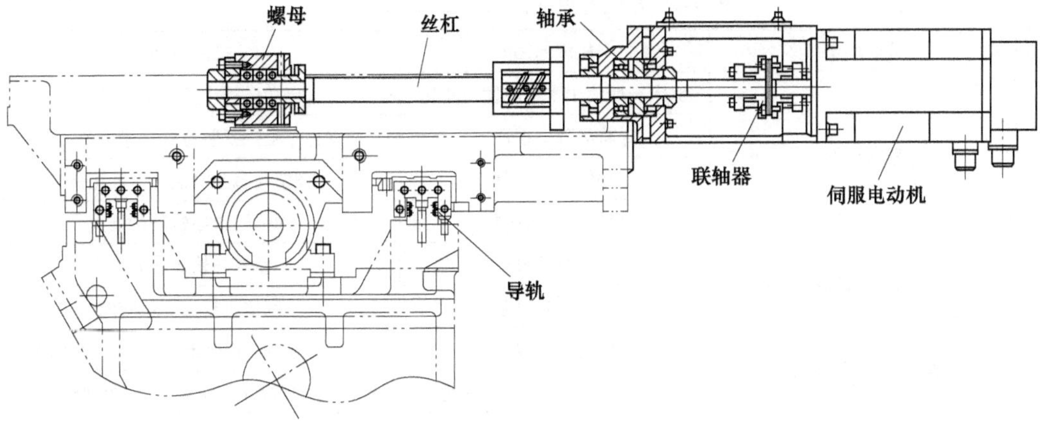

图 7-12 进给装置

1. 拆卸顺序

1）关闭液压系统，拆下 *X*/*Y* 轴伺服电动机。

2）拆掉左右的导轨防护。

3）用专用扳手松开丝杠轴承螺母（先松防松螺母）。

4）旋转丝杠顶出上、下向心—推力组合轴承。

5）拆除丝杠螺母法兰的固定螺栓，从上方旋出螺母。

6）将轴承座拆除，取出丝杠副。

7）调整丝杠与螺母的间隙。

2. 装配顺序

1）旋上固定丝杠螺母法兰的固定螺栓，逐步将螺栓旋紧，暂不装导轨防护。

2）用专用扳手和弹簧秤旋紧两端端螺母，该螺母旋紧、松开要反复几次。

3）旋转丝杠顶出上、下向心—推力组合轴承。

4）检查电动机与丝杠联轴器的键槽和爪槽，其配合不得松动。

5）装配时，严格保证滚珠丝杠与直线轴承导轨之间的平行，且运动灵活。

3. 进给装置的常见故障

滚珠丝杠螺母副和导轨常见故障的原因与排除方法见表 7-1 和表 7-2。

表 7-1 滚珠丝杠螺母副常见故障的原因与排除方法

序号	故障现象	故障原因	排除方法
1	滚珠丝杠螺母副运转时有噪声	滚珠丝杠支撑轴磨损	更换新轴承
		滚珠丝杠和伺服电动机连接松动	拧紧联轴器，锁紧螺钉
		滚珠丝杠润滑不良	改善润滑条件
		滚珠丝杠滚珠有磨损	更换滚珠丝杠
2	滚珠丝杠螺母副螺距误差过大或反向间隙过大	滚珠丝杠螺母副有磨损	更换滚珠丝杠，进行螺距误差补正
3	滚珠丝杠转动不灵活	轴向预加载荷太大	调整轴向预加载荷

表 7-2 导轨常见故障的原因与排除方法

序号	故障现象	故障原因	排除方法
1	导轨研伤	机床长期使用水平度发生变化	定期进行床身水平度调整
		导轨局部磨损严重	合理分布工件安装位置，避免负荷集中
		导轨润滑不良	调整导轨润滑油压力和流量
		导轨间落入脏物	加强机床导轨防护装置
2	导轨移动部件不良或不能移动	导轨面研伤	修复导轨研伤表面
		导轨压板过紧	调整压板与导轨间隙
3	导轨水平和直线度超差	导轨直线度超差	调整导轨，使公差为 0.015/500mm
		机床导轨水平度发生弯曲	调整机床安装水平度在 0.02/1000mm 之内

课堂训练

1. 数控机床进给伺服系统的组成。

数控机床进给伺服系统一般是由伺服放大器、伺服电动机、机械传动组件及检测装置组成。机械传动组件主要包括：伺服电动机与丝杠连接装置、滚珠丝杠副及其固定支承部件、导轨及润滑辅助装置等。

2. 数控机床进给轴拆装。

拆卸时与装配顺序相反，一般从外部至内部，从上部至下部，常见的拆卸方法有：击卸法，拉拔法，顶压法，温差法和破坏性拆卸。应遵循原则如下：拆卸前，必须弄清机械关系；能不拆的零件尽量不拆；严格遵守正确的拆卸方式；拆卸时要充分考虑是否有利于装配。

3. 在数控机床维修仿真软件上完成十字工作台（图 7-13）的拆卸。

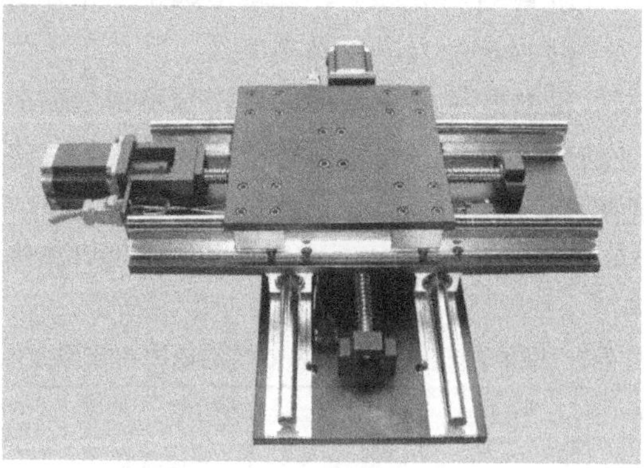

图 7-13 十字工作台

课后练习

1. 简述数控机床进给系统的组成及各部分功能。
2. 滚珠丝杠运动不灵活的维修方法是什么？
3. 数控机床的导轨类型有哪些？

任务7.2 基本参数的设定

1. FANUC 数控系统参数的分类与功能

FANUC 0i 数控系统的参数按照数据的形式大致可分为位型和字型两类。其中，位型又可分为位型和位轴型，字型又分字节型、字节轴型、字型、字轴型、双字型、双字轴型共 8 种，见表 7-3。

表 7-3 FANUC 0i 数控系统参数类型

数据类型	有效数据值范围	备注
位型	0 或 1	—
位轴型		
字节型	-128~127 0~255	在一些参数中不使用符号
字节轴型		
字型	-32768~32767 0~65635	在一些参数中不使用符号
字轴型		
双字型	-99999999~99999999	—
双字轴型		

注：1）对于位型和位轴型参数，每个数据由 8 位组成，每个位都有不同的意义。
2）轴型参数允许参数分别设定给每个轴。
3）各数据类型的数据值范围为一般有效范围，具体的参数值范围实际上并不相同，请参照各参数的详细说明。

2. 进行与轴相关的 CNC 参数初始设定

（1）语言切换

系统参数全部清除后，CNC 页面的显示语言为英语，用户可进行语言切换，操作步骤为：依次按［SYSTEM］键→［OFS/SET］键→右扩展键（多次）→［LANGUAGE（语种）］键进入语言选择画面，如图 7-14 所示，选择好后再依次按［OPRT（操作）］键→［APPLY（确定）］键即可。

在 FANUC 0i 的操作系统中切换语言可使用参数“#3281”，输入“15”即表示选择“简体中文”。

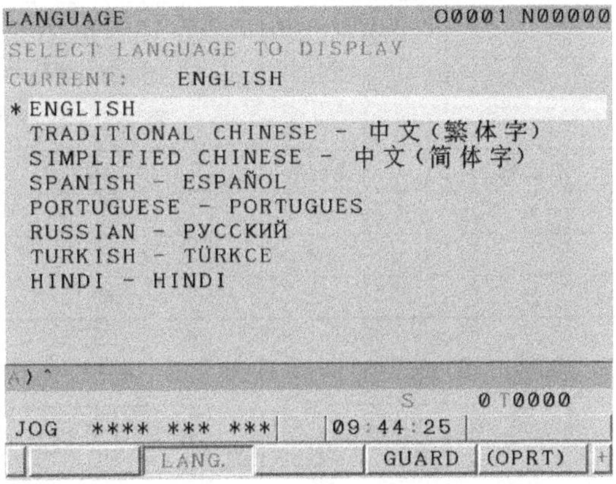

图 7-14 语言选择画面

（2）轴相关的 CNC 参数初始设定

首先连续按［SYSTEM］键三次进入参数设定支援画面，如图 7-15 所示。其中“轴设定”包含 5 项内容：基本、主轴、坐标、进给速度及加减速。

1）基本组的参数标准值设定。

按［PAGE UP］［PAGEDOWN］键数次，显示出轴设定基本画面，如图 7-16 所示，然后按下软键［GR初期］，初始化完成后的基本组参数见表7-4，各参数的具体说明见表7-5和表7-6，需要手动设置的参数见表7-7。

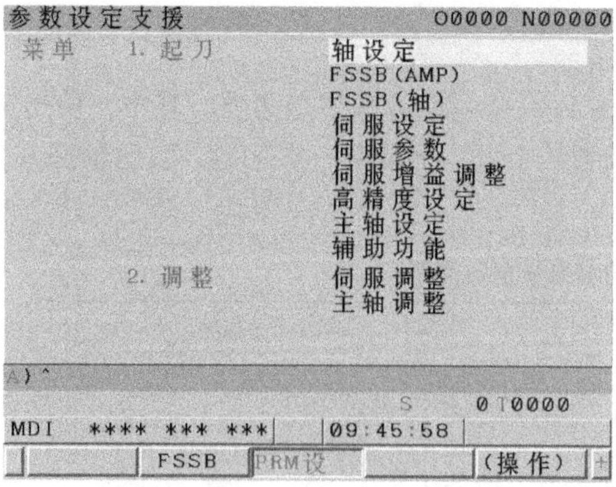

图7-15　参数设定支援画面

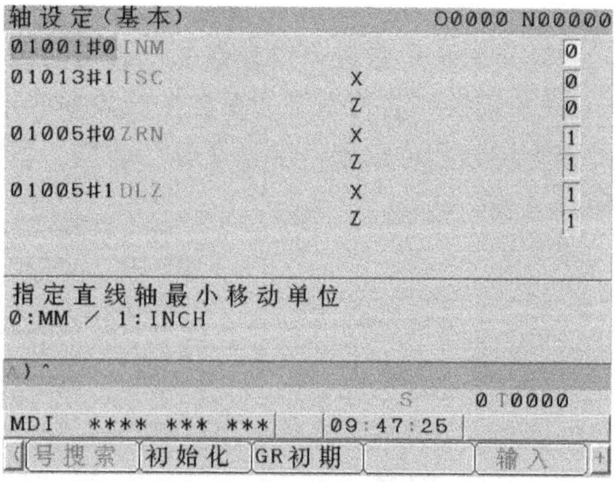

图7-16　轴设定基本画面

表7-4　初始化完成后的基本组参数

基本组参数	初始值		基本组参数	初始值	
1020	X	88	1023	X	1
	Z	90		Z	2
1022	X	1	1024	X	500
	Z	3		Z	500

表7-4中参数设置说明如下。

参数“1020”的说明见表7-5，格式如下：

1020	各轴名称

表7-5　参数“1020”的说明

轴名称	设定值	轴名称	设定值	轴名称	设定值
X	88	*U*	85	*A*	65
Y	89	*V*	86	*B*	66
Z	90	*W*	87	*C*	67

参数“1022”的说明见表7-6，格式如下：

1022	设定各轴为坐标系中的哪个轴

表7-6　参数“1022”的说明

设定值	含义	设定值	含义
0	既不是平行轴也不是基本轴	5	平行轴 *U* 轴
1	基本轴中的 *X* 轴	6	平行轴 *V* 轴
2	基本轴中的 *Y* 轴	7	平行轴 *W* 轴
3	基本轴中的 *Z* 轴		

参数“1023”的格式如下：

1023	各轴的伺服轴号

此参数设定各控制轴与伺服轴的对应关系，通常将控制轴号与伺服轴号设定为相同值。

参数“1829”的格式如下：

1829	每个轴停止时间的位置偏差极限

表 7-7 需要手动设置的参数

基本组参数	初始值		基本组参数	初始值	
1001#0	X	0	1013#1	X	0
	Z	0		Z	0
1006#0	X	0	1815#1	X	0
	Z	0		Z	0
1006#3	X	1	1815#4	X	1
	Z	0		Z	1
1825	X	5000	1815#5	X	1
	Z	5000		Z	1
1826	X	10	1828	X	7000
	Z	10		Z	7000

表 7-7 中参数设置说明如下。

参数“1001”的格式如下：

	#7	#6	#5	#4	#3	#2	#1	#0
1001								IMN

其中，“#0”（INM）用来设置直线轴的最下移动单位，当为“0”时表示使用米制单位（公制），当为“1”时，表示使用英制单位（英制）。

参数“1006”的格式如下：

	#7	#6	#5	#4	#3	#2	#1	#0
1006					DIA			ROT

其中，“#0”（ROTx）用来设定直线轴或旋转轴；“#3”（DIAx）设定各轴的移动指令，当为“0”时表示使用半径指定，当为“1”时表示使用直径指定。

参数“1013”的格式如下：

	#7	#6	#5	#4	#3	#2	#1	#0
1013							ISCx	ISAx

其中，“#1”（ISCx）、“#0”（ISAx）用来设定各轴的单位，见表 7-8。

表 7-8　各轴的单位设定说明

设定单位	#1（ISCx）	#0（ISAx）	数据最小单位
IS-A	0	1	0.01
IS-B	0	0	0.001
IS-C	1	0	0.0001

参数“1815”的格式如下：

	#7	#6	#5	#4	#3	#2	#1	#0
1815			APC	APZ			OPT	

其中，“#1”（OPTx）用来设置位置检测器，当为“0”时表示不使用分离式脉冲编码器，当为“1”时表示使用分离式脉冲编码器。

“#4”（APZx）用来在使用绝对位置检测器时设置机械位置与绝对位置检测器之间的位置对应关系，当为“0”时表示尚未建立，当为“1”时表示已经建立。

“# 5”（APCz）用来设置位置检测器，当为“0”时表示使用绝对位置检测器以外的检测器，当为“1”时表示使用绝对位置检测器（绝对脉冲编码器）。

参数“1825”“1826”“1829”的格式如下：

1825	每个轴的伺服环增益
1829	每个轴的到位宽度
1829	每个轴在移动中的位置偏差极限

2）坐标组的参数设定。

① 标准值设定。坐标组的参数标准值的设定与基本组的标准值设定的步骤相同。

② 坐标组需设定的参数见表 7-9。

表 7-9　坐标组需设定的参数

坐标组参数	初始值		坐标组参数	初始值	
1240	X	0	1320	X	99999999
	Z	0		Z	99999999
1241	X	0	1321	X	-99999999
	Z	0		Z	-99999999

3）进给速度组的参数设定。

① 标准值设定。进行进给速度组的参数标准值的设定与基本组的标准值设定的步骤相同。

② 进给速度组需设定的参数见表 7-10。

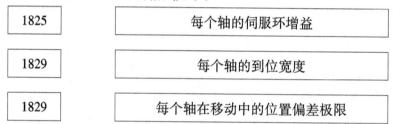

表 7-10 进给速度组需设定的参数

进给速度组参数	设置值		进给速度组参数	设置值	
1410	X	1000	1424	X	5000
	Z	1000		Z	5000
1420	X	8000	1425	X	150
	Z	8000		Z	150
1421	X	1000	1428	X	5000
	Z	1000		Z	5000
1423	X	1000	1430	X	3000
	Z	1000		Z	3000

表 7-10 中常见参数的格式如下：

1410	各轴的快速移动速度
1423	每个轴的 JOG 进给速度
1424	每个轴的手动快速移动速度
1425	各轴手动返回参考点的 FL 速度
1426	切削进给时的外部减速速度
1427	每个轴快速移动时的外部减速速度

4）加减速组的参数设定。

加减速组需设定的参数见表 7-11。

表 7-11 加减速组需设定的参数

加减速组参数	设置值		加减速组参数	设置值	
1610	X	0	1623	X	0
	Z	0		Z	0
1610	X	0	1624	X	10
	Z	0		Z	10
1620	X	100	1625	X	0
	Z	100		Z	0
1622	X	32	—	—	—
	Z	32		—	—

参数“1610”的格式如下：

	#7	#6	#5	#4	#3	#2	#1	#0
1610				JOGx				CTLx

其中，“#0”用来设置切削进给、空运行的加减速，当为“0”时表示采用指数函数型加减速，当为“1”时表示采用插补后直线加减速。

“#4”用来设置 JOG 进给的加减速，当为“0”时表示采用指数函数型加减速，当为“1”时表示采用与切削进给相同的加减速。

5）主轴组的参数设定。

① 标准值设定。与基本组的标准值设定的步骤相同。

② 没有标准值需设定的参数参见主轴电动机种类的设定。其主要用到的参数为“3716”。参数“3716”的格式如下：

	#7	#6	#5	#4	#3	#2	#1	#0
3716								A/Ss

其中，“#0”（A/Ss）用来设置主轴电动机的种类，当为“0”时表示为模拟主轴，当为“1”时表示为串行主轴。

3. 常用参数设定

通常情况下，在参数设置画面输入参数号再按［号搜索］软键就可以搜索到对应的参数，从而进行参数的修改。

（1）系统参数设置

按下［SYSTEM］功能键，再按［参数］软键，找到参数设置画面，在参数画面设置参数。需设置的系统参数见表 7-12。

表 7-12　需设定的系统参数

参数号	数值	参 数 说 明
20	4	存储卡接口
3003#0	1	使所有轴互锁信号无效
3003#2	1	使各轴互锁信号无效
3003#3	1	使不同轴向的互锁信号无效
3004#5	1	不进行超程信号的检查
3105#0	1	显示实际速度
3105#2	1	显示实际主轴速度和 T 代码
3106#4	1	操作履历画面显示
3106#5	1	显示主轴倍率值
3108#6	1	主轴负载表显示
3108#7	1	在当前位置显示画面和程序检查画面上显示 JOG 进给速度或空运行速度
3111#0	1	伺服调整画面显示
3111#1	1	主轴设定画面显示

（续）

参数号	数值	参 数 说 明
3111#2	1	主轴调整画面显示
3111#5	1	操作监控画面显示
3112#2	1	外部操作信息履历画面显示
8130	2	控制轴数

（2）轴设定参数设置

轴设定参数见表 7-13。

表 7-13 轴设定参数

参数号	参 数 定 义		
	X 轴	*Z* 轴	
1005#0	1	1	未回零执行自动执行时，调试应为“1”，否则有 PS224 报警
1006#0	0	0	直线轴，一般是直线运动的轴
1006#3	0	1	各轴的移动指令（0：半径指定；1：直径指定）
1020	88	90	各轴的程序名称
1022	1	3	基本坐标系轴的设定
1023	1	3	各轴的伺服轴号
1825	3000	3000	各轴的伺服环增益
1826	20	20	各轴到位宽度
1827	20	20	各轴切削时到位宽度
1828	20000	20000	每个轴移动中的位置偏差极限值
1829	500	500	每个轴停止时的位置偏差极限值
1240	0	0	第 1 参考点的机械坐标
1241	0	0	第 2 参考点的机械坐标
1320	—		各轴的存储行程限位 1 的正方向坐标值 1
1321	—		各轴的存储行程限位 1 的负方向坐标值 1
1410	—		空运行速度大
1420	1500	1500	各轴的快速移动速度
1421	300	300	每个轴的快速倍率的 F0 速度
1423	1500	1500	每个轴的 JOG 进给速度
1424	3000	3000	每个轴的手动快速移动速度
1425	300	300	每个轴的手动返回参考点的 FL 速度
1430	1000	1000	每个轴的最大切削进给速度
1620	64	64	每个轴的快速移动直线加减速的时间常数（*T*）和铃型加减速的时间常数（*T*1）
1622	64	64	每个轴的切削进给加减速时间常数
1624	64	64	每个轴的 JOG 进给加减速时间常数

课堂训练

1. 在参数写入后，有时会出现 P/S 报警“000”，其含义是切断电源。因为输入了要求断电后才生效的参数，此时需要将系统重新启动。

2. 当系统参数全部清除后或数控系统初次通电进行参数设定时，可以进入参数设定支援画面进行参数分组设定，对参数掌握比较熟练后，可以在参数设置画面输入参数号再按［号搜索］软键就可以搜索到对应的参数，从而进行参数的修改。

3. 基本参数清除后，记录报警号，并在表 7-14 中写下解决方法。

表 7-14　记录报警表

报警号	处 理 方 法	
	原因	
	解决方法	
	原因	
	解决方法	
	原因	
	解决方法	
	原因	
	解决方法	

课后练习

1. 简述全闭环控制伺服系统中，电动机内装编码器和光栅尺的作用。
2. 如何进行进给伺服初始化设定？

任务 7.3　伺服参数设定

【知识目标】

1. 了解 FSSB 的初始设定相关参数。
2. 掌握数控车床与伺服有关的参数。

【能力目标】

1. 培养数控机床进给轴相关参数的设定。
2. 培养数控机床进给轴电气调试的能力。

7.3.1　FSSB 初始设定

在数控机床调试中，进行了进给轴基本参数设定后，就可以进行伺服参数的初始化设置。在 FANUC 0i 系统中，伺服参数非常重要，是维修和调试中干预最多的参数。在本任务中，将详细介绍伺服参数初始化和 FSSB 设定方法。

1. FSSB 的初始设定

通过高速串行伺服总线（FSSB）用一根光缆将 CNC 控制器和多个伺服放大器进行连接，可大幅减少机床安装所需的电缆，并可提高伺服运行的可靠性。

采用 FSSB 结构进行连接，可以使数控轴与伺服轴之间的对应关系非常灵活，如图 7-17 所示，不像早期的 FANUC 数控系统中必须是一一对应的关系。

建立与伺服的对应关系时，必须设定下列伺服参数。

参数“NO. 1023”：设置各轴的伺服轴号，即伺服通道排序。

参数“NO. 1905”：设置接口类型和光栅适配器接口。

参数“NO. 1936”和“NO. 1937”：设置光栅适配器连接器号。

参数“NO. 14340~14349”和“NO. 14376~14391”：设置从属器转换地址号。

设定这些参数有三种方法：自动设定方式、手动设定方式 1 和手动设定方式 2。

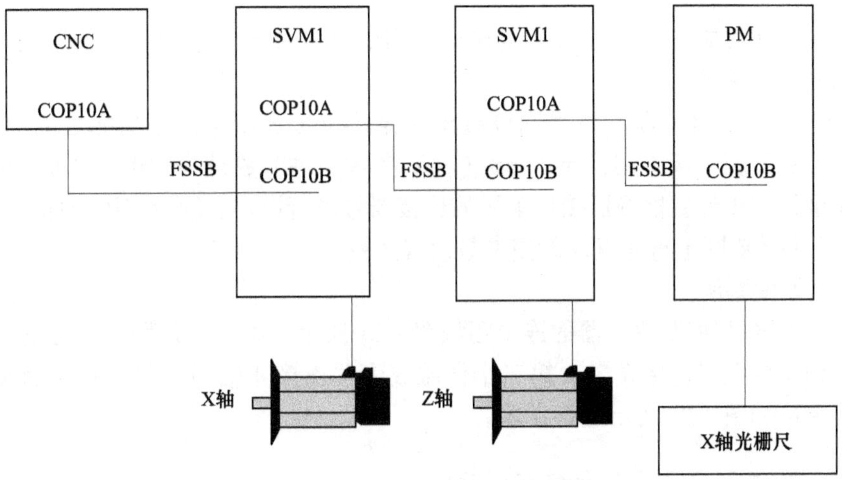

图 7-17 CNC 与伺服放大器之间 FSSB 连接

1）自动设定方式：利用 FSSB 设定画面，输入轴和放大器的关系，进行轴设定的自动计算，即自动设定参数（NO. 1023、NO. 1905、NO. 1936、NO. 1937、NO. 14340 ~ 14349、NO. 14376~14391）。

2）手动设定方式 1：通过参数“NO. 1023”进行默认的轴设定。由此就不需要设定参数（NO. 1905、NO. 1936、NO. 1937、NO. 14340 ~ 14349、NO. 14376 ~ 14391），也不会进行自动设定。应注意的是，手动设定方式可能会导致数控机床部分功能无法使用。

3）手动设定方式 2：直接输入所有参数（NO. 1023、NO. 1905、NO. 1936、NO. 1937、NO. 14340~14349、NO. 14376~14391）。

2. FSSB 自动设定的基本步骤

当下列参数设定后，使用 FSSB 设定画面可以执行自动设定。NO. 1902#0=0，NO. 1902#0=1 对于 FSSB 设定画面的自动设定，按照下列程序进行操作。

按功能键［SYSTEM］，再多按几次扩展键，直到进入参数设定支援画面，如图 7-18 所示。按软键［FSSB］切换屏幕显示到放大器设定画面（或是前面选择的 FSSB 设定画面），如图 7-19 所示。

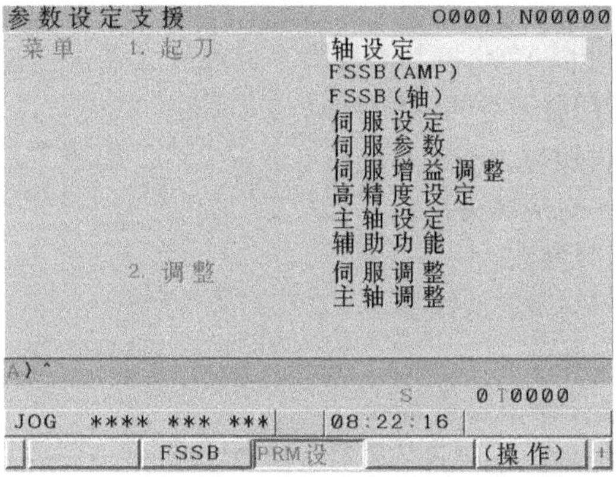

图 7-18　参数设定支援画面

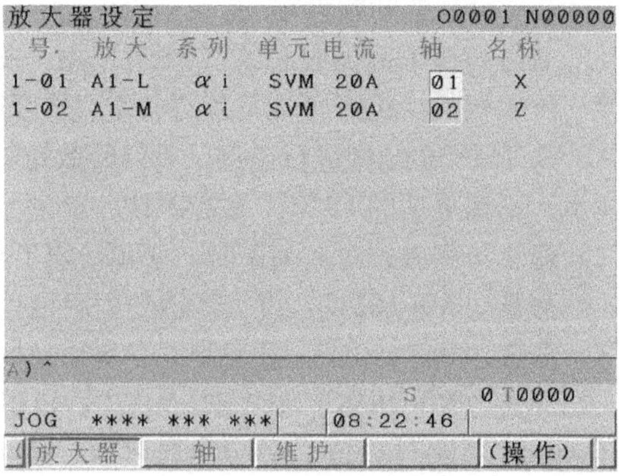

图 7-19　放大器设定画面

1）FSSB（放大器）：建立驱动器与轴号之间的对应关系。通过修改轴号改变放大器号与轴号之间的对应关系。

2）FSSB（轴）：建立驱动器号同分离检测器接口号及相关伺服功能之间的对应关系。半闭环伺服控制系统一般不用设定 FSSB（轴）参数，将参数设为“0”即可，全闭环伺服控制系统应根据用于外置检测器接口单元的连接器号进行设定。轴设定画面如图 7-20 所示。

3）FSSB 参数要断电再通电才能使参数设置生效。

3. FSSB 设置举例

假设有一 CNC 与伺服放大器的连接图如图 7-21 所示，第一个伺服放大器连接 *Y* 轴电动机，第二个伺服放大器连接 *X* 轴，第三个伺服放大器连接 *A* 轴和 *Z* 轴，那么就需要在放大器设定画面中按如图 7-21 所示进行设置。

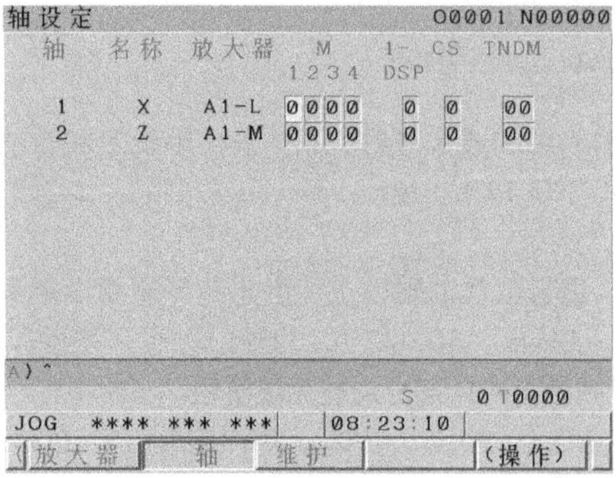

图 7-20　轴设定画面

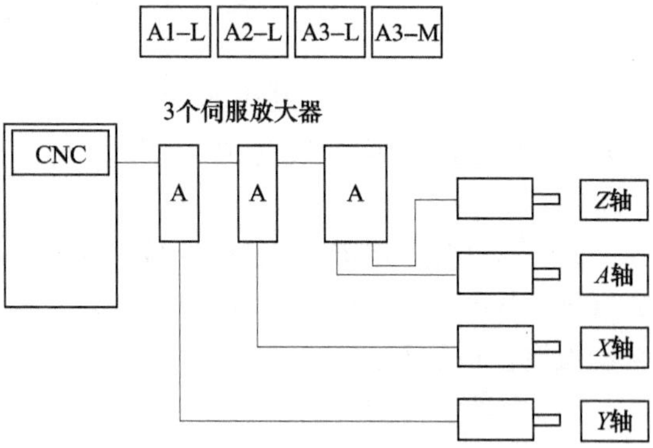

图 7-21　CNC 与伺服放大器连接图

设置步骤如下。

1）设定参数“NO. 1023”。X 设定为 1，Z 设定为 2。

2）各个轴的伺服参数初始化。

3）CNC 关机再开机。

4）在放大器设定画面输入轴号。

5）按软键［SETTING］（当输入一个值后此软键才显示）。

6）按功能键［SYSTEM］。

7）多按几次扩展键，直到进入参数设定支援画面。

8）按软键［FSSB］，切换屏幕到放大器设定画面，显示如图7-22所示软键。

9）按软键［AXIS］。

10）不输入任何数据直接按软键［（OPRT）］，然后按软键［SETTING］。

11）关闭CNC电源然后再打开，设定完成。

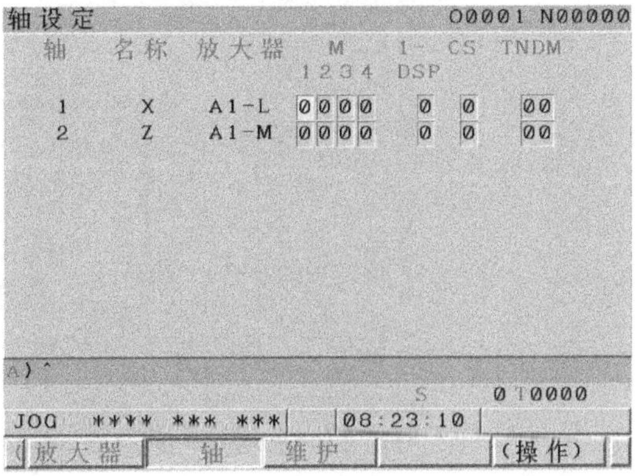

图7-22 放大器设定画面

7.3.2 与伺服有关的参数设定

1. 显示伺服参数画面设定

显示伺服参数画面的设定步骤如下。

1）设置参数“3111#0”为“1”，然后关闭电源再打开。

2）连续按［SYSTEM］键三次进入参数设定支援画面，如图7-23所示。

3）将光标移动到“伺服设定”选项上，然后按［操作］键进入伺服设定画面，如图7-24所示。

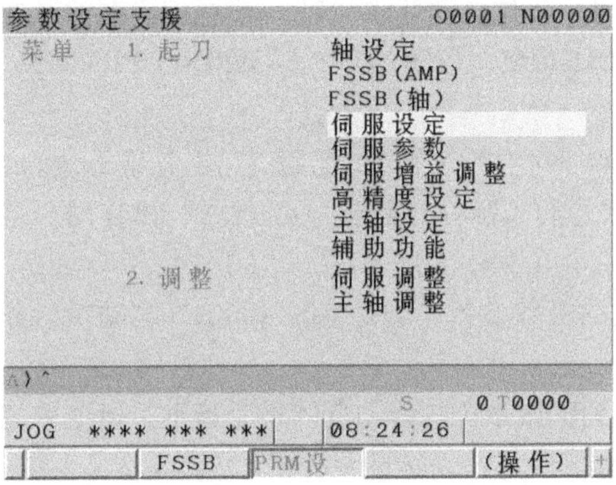

图7-23 参数设定支援画面

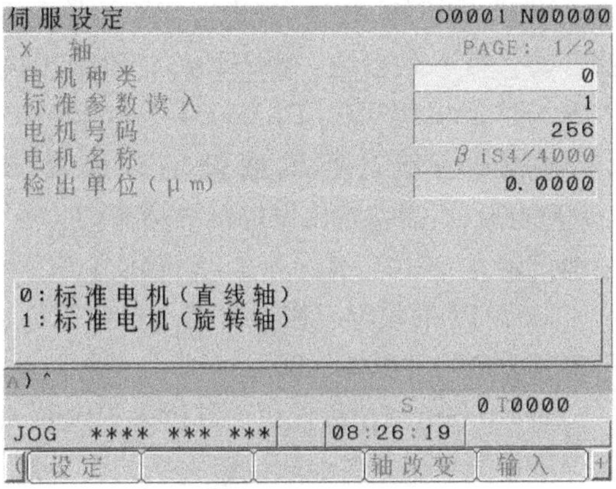

图7-24 伺服设定画面

4）在伺服设定画面依次按［操作］、［选择］、向右扩展键进入菜单与切换画面。

5）在菜单与切换画面按［切换］键进入伺服初始化界面。

6）按MDI键盘上的［SYSTEM］键，再按［+］软键两次，然后再按［SV设定］软键即可进入如图7-25所示的伺服设定画面（参数）。

2. 伺服设定相关参数

FANUC数控系统伺服参数是很多的，这里仅介绍伺服设定画面中的一些参数的设置。

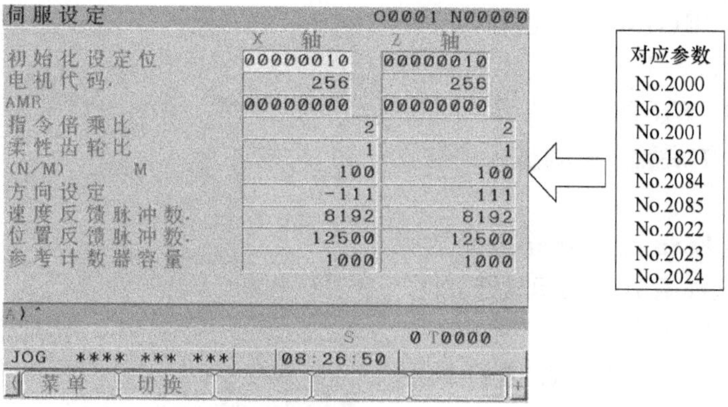

图 7-25 伺服设定画面（参数）

1）初始化设定。初始化需要用到的参数为“2000”，其格式如下：

	#7	#6	#5	#4	#3	#2	#1	#0
2000					PRMCAL		DGPRM	PLCO

“#0 ”（PLCO ）：当设定为“0”时，检测单位为 1μm，FANUC 系统使用参数“2023”（速度脉冲数）、“2024”（位置脉冲数）；当设定为“1”时，检测单位为 0. 1μm，把上面系统参数的数值乘 10 倍。

“#1”（DGPRM ）：当设定为“0”时，系统进行数字伺服参数初始化设定，伺服参数初始化后，该位自动变成“1”。

“#3”（PRMCAL）：当进行伺服初始化设定时，该位自动变成“1”。根据编码器的脉冲数自动计算下列参数：PRM2043、PRM2044、PRM2047、PRM2053、PRM2054、PRM2056、PRM2057、PRM2059、PRM2074、PRM2076。

注意：一般进行伺服设定画面参数修改时，应将初始化设定位全部设置成“00000000”。当初始化设定正常结束时，在下次进行 CNC 电源的“OFF/ON”操作时，自动地设定为 DGRP（#1）= 1、PRMC（#3）= 1。

2）AMR 的设定。该参数相当于伺服电动机的极数参数，若是 αiS/αjF/βiS 电动机，务必将其设定为“00000000”。

3）指令倍乘比的设定。其用来设定从 CNC 到伺服系统的移动量的指令倍率。指令单位就等于检测单位，各参数设定关系如图 7-26 所示。

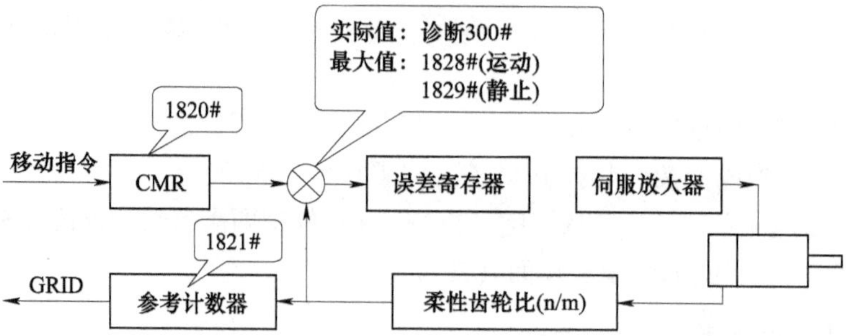

图 7-26 指令倍乘比的设定参数关系

指令倍乘比的设定值计算公式为

设定值 =（指令单位 / 检测单位）× 2

4）柔性齿轮比的设定。柔性齿轮比的设定可分为以下几种情况。

① 半闭环直线轴柔性齿轮比设定值（齿轮比 1∶1）见表 7-15。

表 7-15 半闭环直线轴柔性齿轮比设定值

滚珠丝杆的螺距/mm \ 检测单位/μm	6	8	10	12	16	20
1	6/1000	8/1000	10/1000	12/1000	16/1000	20/1000
0.5	12/1000	16/1000	20/1000	24/1000	32/1000	40/1000
0.1	60/1000	80/1000	100/1000	120/1000	160/1000	200/1000

电动机每旋转一周产生 100 万个脉冲，设定脉冲的倍乘比与脉冲编码器的种类无关，如图 7-27 所示。

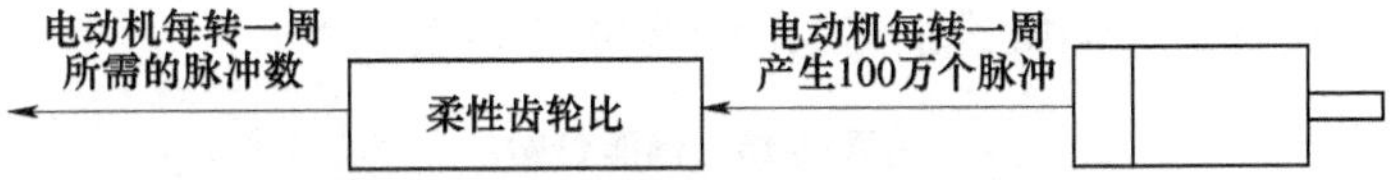

图 7-27 半闭环柔性齿轮比的设定

例如，直线轴直接连接螺距 10mm 的滚珠丝杆，检测单位为 1μm 时电动机每旋转一周（10mm）所需的脉冲数为 10/0.001 = 10000 脉冲，则

$$柔性齿轮比 = \frac{10000}{100万} = \frac{1}{100}$$

② 回转轴设定。回转轴与电动机工作台之间的减速比为 10∶1，在检测单位为 0.001°的情况下，电动机每旋转一周，工作台转动 360°/10 = 36°。

因此，电动机每旋转一周的位置脉冲数为 36000，柔性齿轮比为

$$柔性齿轮比 = \frac{36000}{100万} = \frac{36}{1000}$$

全闭环时，柔性齿轮比设定值如图 7-28 所示。

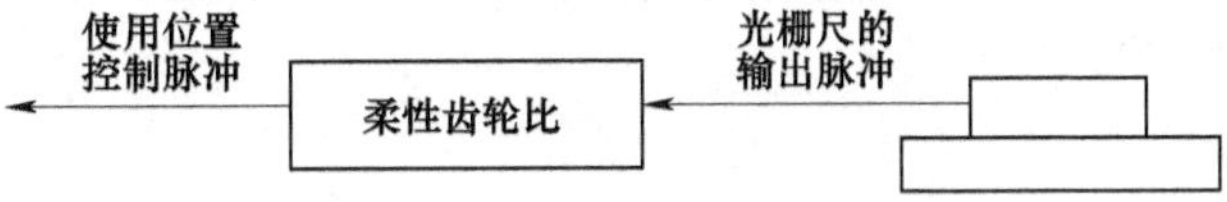

图 7-28 全闭环柔性齿轮比的设定

使用 0.5μm 的光栅尺检测 1μm 的情况下，对于 1μm 的移动，光栅尺的输出脉冲数为 1μm/0.5μm = 2。

NC 用于位置控制的脉冲当量：输出 1 个脉冲 = 检测单位为 1μm。

因此，柔性齿轮比的设定为

$$柔性齿轮比 = \frac{1}{2}$$

5）电动机回转方向的设定。参数“111”表示从脉冲编码器看沿顺时针方向旋转；参

数“-111”表示从脉冲编码器看沿逆时针方向旋转。

6）速度反馈脉冲数、位置反馈脉冲数的设定。

① 半闭环时：速度反馈脉冲数为 8192（固定值）；位置反馈脉冲数为 12500（固定值）。

② 全闭环时（并行型、串行光栅尺）：速度反馈脉冲数为 8192（固定值）；位置反馈脉冲数来自电动机每旋转一周光栅尺的反馈脉冲数。

例如，在使用螺距为 10mm 的滚珠丝杆（直接连接）、具有 1 脉冲 0.5μm 的分辨率的分离型检测器的情形下，其位置脉冲数为 20000。

7）参考计数器容量的设定。设定参考计数器，在进行栅格方式参考点返回时使用。

半闭环：参考计数器容量=电动机每旋转一周所需的位置脉冲数。

全闭环：参考计数器容量=Z 相（参考点）的间隔/检测单位。

断开 NC 的电源，而后再接通。至此，伺服的初始化设定结束。

课堂训练

按表 7-16 中的设置值对伺服设定画面的参数进行设置。

表 7-16　伺服参数

参数名	*X* 轴	*Z* 轴
初始化定位	00000010	00000010
电动机代码	256	256
AMR	00000000	00000000
指令倍乘比	2（半径）/1（直径）	2
柔性齿轮比	1	1
(N/M)M	200	200
方向设定	111	-111
速度反馈脉冲数	8192	8192
位置反馈脉冲数	12500	12500
参考计数器容量	5000	5000

注：在参数设定后，要先断电再通电，以使参数设置生效。表中所列参数为常用参数，仅供参考，应根据数控机床实际硬件配置进行参数修改。

课后练习

FANUC 0i MateTD 系统数控车床，*Z* 轴滚珠丝杠螺距为 6mm，伺服电动机与丝杠直连，伺服电动机代码为 277，机床检测单位为 0.001mm，数控指令单位为 0.001mm，请写出 *Z* 轴伺服参数初始化设置步骤及具体数值。

任务 7.4　伺服参数调整与伺服故障诊断

【知识目标】

1. 掌握常用的伺服参数。

2. 熟悉伺服参数调整画面与诊断画面。

【能力目标】

1. 能够诊断与伺服参数相关的伺服故障。

2. 能够维修与伺服参数相关的伺服故障。

7.4.1 伺服参数调整与诊断画面

1. 伺服参数调整与诊断画面

伺服参数调整与诊断画面的调用：设置参数 NO. 3111#0＝1，按下功能键［SYSTEM］再依次按［+］→［SV 设定］→［SV 调整］键进入图 7-29 所示页面，也可以按［操作］键，选择需要的伺服轴。

该画面上各选项的说明如下。

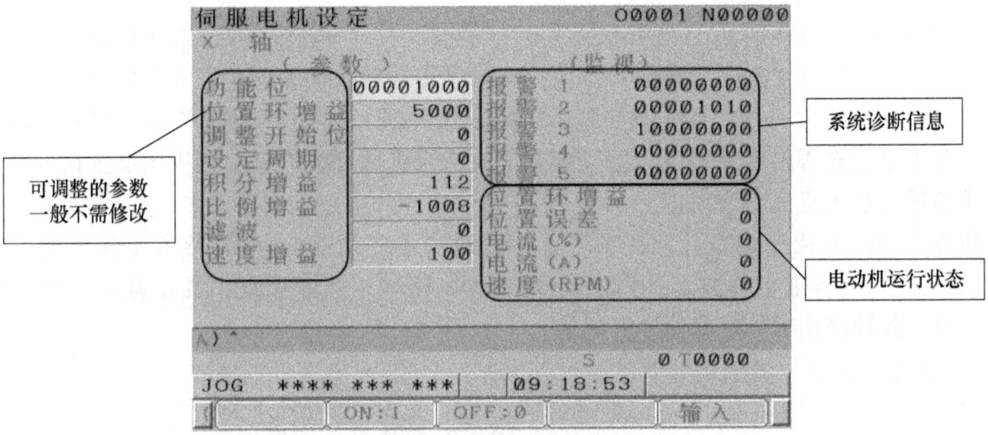

图 7-29 伺服调整与诊断画面

1）功能位：参数（NO. 2003）。

2）位置环增益：参数（NO. 1825）。

3）调整开始位：在伺服自动调整功能中使用。

4）设定周期：在伺服自动调整功能中使用。

5）积分增益：参数（NO. 2043）。

6）比例增益：参数（NO. 2044）。

7）滤波：参数（NO. 2067）。

8）速度增益：设定值=［PRM2021/256+1］×100。

1)～8）项可以根据需要进行修改，但是一般情况下是不需要修改的。

9）报警 1：诊断号 200。

10）报警 2：诊断号 201。

11）报警 3：诊断号 202。

12）报警 4：诊断号 203。

13）报警 5：诊断号 204。

9)～13）项反映伺服放大器、电动机及反馈等故障的报警信息，可以通过诊断参数查看报警状态。

14）位置环增益：表示实际环路增益。若环路增益太小，说明机床控制精度已经大大降低。

15）位置误差：表示实际位置误差值（诊断号 300）。可以实时监测伺服的位置误差，即指令值-反馈值。

16）电流（%）：以相对于电动机额定值的百分比表示电流值。最佳电流比应在 30%~40%。

17）电流（A）：以 A（峰值）表示实际电流。

18）速度（rpm）：表示电动机实际转速。

14)~18）项可以实时监控伺服电动机的运行状态。

2. 伺服参数调整

（1）与伺服报警误差过大的相关参数

当伺服轴误差过大时会出现 4n1 及 4n0#报警（*n* 为对应的轴号），之所以会产生误差过大．是因为实际位置误差大于参数设定值。当机床出现导致伺服误差过大报警时，可先把机床允许误差参数调大一些（如先调整到 10000），然后再手动进给运行各轴，观察各轴是否移动，若不动应先考虑误差是由伺服系统硬件故障或机械过载引起，在机床加工精度允许的情况下应适当加大机床允许误差。

机床允许误差相关参数：NO. 1825（各轴的位置环增益）、NO. 1826（各轴的到位宽度）、NO. 1827（各轴切削进给的到位宽度）、NO. 1828（各轴移动中的位置偏差极限值）、NO. 1829（各轴停止时的位置偏差极限值）。

1）参数“1825”的格式如下：

1825	设定各轴位置环增益

[输入类型]：参数输入。

[数据类型]：字轴型。

[数据单位]：0. 01/s。

[数据范围]：0~9999。

此参数为每个轴设定位置控制的环路增益。

若是进行直线和圆弧等插补（切削加工）的机械，需为所有轴设定相同的值。若是只需要定位的机械，可以为每个轴设定不同的值。环路增益设定的值越大，位置控制的响应就越快，但设定值过大将会影响伺服系统的稳定性。

2）参数“1826”的格式如下：

1826	设定各轴的到位宽度

[输入类型]：参数输入。

[数据类型]：2 字轴型。

[数据单位]：检测单位。

[数据范围]：0~99999999。

此参数为每个轴设定到位宽度。

当机械位置和指令位置的偏离（位置偏差量的绝对值）比到位宽度还要小时，假定机械已经达到指令位置，即视其已经到位。

3）参数“1827”的格式如下：

1827	各轴切削进给时到位高度

[输入类型]：参数输入。

[数据类型]：2 字轴型。

[数据单位]：检测单位。

[数据范围]：0~99999999。

此参数为每个轴设定切削进给时的到位宽度，适用于参数 CCI(NO. 1801 #4）为 1 的情形。

4）参数“1828”的格式如下：

1828	设定各轴移动中的位置偏差极限值

[输入类型]：参数输入。

[数据类型]：2 字轴型。

[数据单位]：检测单位。

[数据范围]：0~99999999。

此参数为每个轴设定移动中的位置偏差极限值。

当移动中位置偏差量超过移动中的位置偏差量极限值时，发出伺服报警“SV0411”，操作瞬时停止（与紧急停止时相同）。通过伺服调整与诊断画面可以监控到位置偏差实际值，如图 7-30 所示。

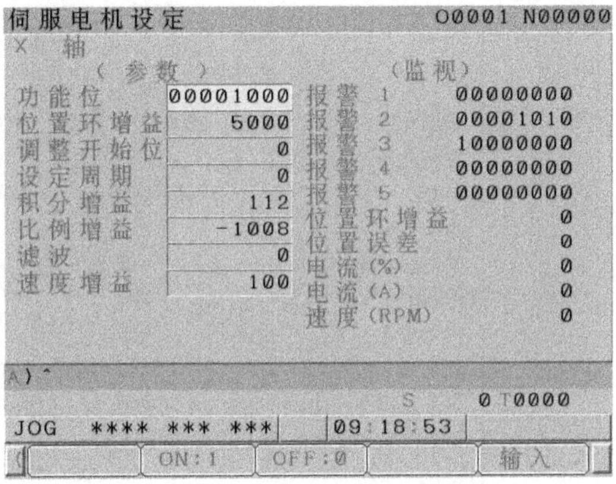

图 7-30 伺服调整与诊断画面

5）参数“1829”的格式如下：

1829	设定各轴停止时的位置偏差极限值

[输入类型]：参数输入。

[数据类型]：2 字轴型。

[数据单位]：检测单位。

[数据范围]：0~99999999。

此参数为每个轴设定停止时的位置偏差极限值。

当停止中位置偏差量超过停止时的位置偏差量极限值时，发出伺服报警“SV0410”，操作瞬时停止（与紧急停止时相同）。

（2）伺服轴虚拟化设置

当伺服模块组中有任何一个单元出现故障时，均会引起所有单元的 VRDY OFF（伺服准备就绪停止），有时很难判断故障点，这时就需要将某个轴虚拟化，或称为屏蔽，也就是数控系统不向该伺服放大器发出指令，同时也不读取这个轴的反馈数据。即使这个轴有故障，也把这个轴的信号“屏蔽掉”，使其他轴正常工作。

一般情况下伺服虚拟化的方法是在 CNC 侧将数控通道封闭，并忽略通电顺序，设定各控制轴为对应的第几号轴，将待屏蔽轴的参数“1023”设定为负值，如-128。

另外，设置参数 NO. 2009#1=1，表明轴抑制参数设定为有效。

（3）全闭环参数修改成半闭环参数

在机床工作过程中，光栅尺容易受到切削液、切屑的污染，造成光栅尺反馈数据不准确或无反馈数据。在日常的维修中，将机床控制方式从全闭环改为半闭环是判断光栅尺故障最有效的方法。

对于 FANUC 0i 系统，将全闭环改为半闭环仅需要修改参数即可，不需改动任何硬件状态。

所需修改参数如下。

1）NO. 1815#1=0，使用内置编码器作为位置反馈（半闭环方式）。

2）在伺服设定画面（图 7-31）中进行柔性齿轮比、位置反馈脉冲数及参考计数器容量的设定即可。

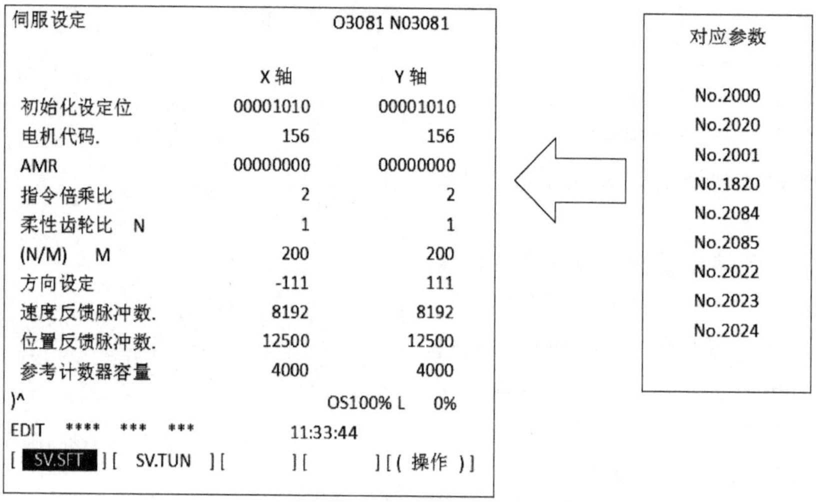

图 7-31 伺服设定画面

7.4.2 用诊断号进行伺服故障的维修

1. 用诊断号进行伺服故障维修

（1）诊断号“200~204”

1）诊断号“200”的格式如下：

	#7	#6	#5	#4	#3	#2	#1	#0
200	OVL	LVA	OVC	HCA	HVA	DCA	FBA	OFA

“#7”（OVL）：过载报警。

“#6”（LVA）：欠电压报警。

“#5”（OVC）：过电流报警。

“#4”（HCA）：异常电流报警。
“#3”（HVA）：过电压报警。
“#2”（DCA）：放电电路报警。
“#1”（FBA）：断线报警。
“#0”（OFA）：溢出报警。
2）诊断号“201”“202”的格式如下：

	#7	#6	#5	#4	#3	#2	#1	#0
201	ALD			EXP				

	#7	#6	#5	#4	#3	#2	#1	#0
202		CSA	BLA	PHA	RCA	BZA	CKA	SPH

“#6”（CSA）：串行编码器的硬件异常。
“#5”（BLA）：电池电压下降警告。
“#4”（PHA）：串行脉冲编码器或反馈电缆异常，反馈脉冲信号的计数不正确。
“#3”（RCA）：串行脉冲编码器异常，转速的计数不正确。
“#2”（BZA）：电池电压降为0，应更换电池，并设定参考点。
“#1”（CKA）：串行脉冲编码器异常，内部块停止工作。
“#0”（SPH）：串行脉冲编码器或反馈电缆异常，或反馈脉冲信号计数不正确。
3）诊断号“203”的格式如下：

	#7	#6	#5	#4	#3	#2	#1	#0
203	DTE	CRC	STB	PRM				

“#7”（DTE）：串行脉冲编码器通信异常，没有通信响应。
“#6”（CRC）：串行脉冲编码器通信异常，传输过来的数据有误。
“#5”（STB）：串行脉冲编码器通信异常，传输过来的数据有误。
“#4”（PRM）：数字伺服一侧检出参数非法。
4）诊断号“204”的格式如下：

	#7	#6	#5	#4	#3	#2	#1	#0
204		OFS	MCC	LDA	PMS			

“#6”（OFS）：数字伺服的电流值A/D变换异常。
“#5”（MCC）：伺服放大器中的电磁开关异常。
“#4”（LDA）：串行脉冲编码器的LED异常。
“#3”（PMS）：由于串行脉冲编码器或者反馈电缆异常导致反馈不正确。
（2）伺服报警1~5
伺服报警很多都与伺服放大器及伺服电动机报警中的位有关系，见表7-17。

表 7-17 伺服放大器及伺服电动机报警诊断位组合一览表

报警 1							报警 5		报警 2		报警内容	处理办法
OVL	LVA	OVC	HCA	HVA	DCA	FBA	MCC	FAN	ALD	EXP		
			1						0	0	过电流报警（PSM）	
			1						0	1	过电流报警（SVM）	1
			1						0	1	过电流报警（软件）	1
				1							电压过大报警	
					1						过再生放电报警	
	1								0	0	电源电压不足（PSM）	
	1								1	0	DC 链路电压不足（PSM）	
	1								0	1	控制电源电压不足（SVM）	
	1								1	1	DC 链路电压不足（SVM）	
1									0	0	过热（PSM）	1
1									1	0	电动机过热	1
							1				MCC 熔散，预先充电	
								1	0	0	风扇停止	
								1	0	1	风扇停止（SVM）	
		1									OVC 报警	1

1）与过电流报警相关的处理。若在解除紧急停止之后，以及缓慢地加减速时必会发生过电流报警，则可以判断是因为放大器故障、电缆的连接错误、断线、参数设定异常等原因造成的。首先确认伺服参数“NO. 2004”“NO. 2040”“NO. 2041”是否是标准设定，如果设定正确，就按照维修说明书确认放大器、电缆的状态。

2）与过热报警相关的处理。若过热报警发生在长时间的连续运行后时，则可判断电动机、放大器的温度实际上已经上升，可停机一段时间后再观察其状态。若关闭电源 10min 左右后，再次发生过热报警，则很可能是由于硬件不良导致的。当间歇发生过热报警时，可增大时间常数或增加程序中的停止时间来抑制温度上升。

3）与 OVC 报警相关的处理。发生 OVC 报警时，首先应确认下面的参数是否为标准设定：“NO. 1877”“NO. 1878”“NO. 1893”“NO. 2062”“NO. 2063”、“NO. 2065”“NO. 2161”“NO. 2162”“NO. 2163”“NO. 2164”，如果设定正确，应延长时间常数或增加程序中的停止时间，控制温度上升。

（3）与断线相关的报警

与断线相关的报警见表 7-18。

表 7-18 与断线相关的报警

报警 1	报警 2		报警内容	处理办法
FBA	ALD	EXP		
1	1	1	硬件断线（外置 A/B 断线）	1
1	0	0	软件断线（全闭环 i/脉冲编码器）	2

1）处理办法 1：发生在使用外置 A/B 相光栅尺的情况下。应确认 A/B 相的检测器是否正确。

2）处理办法 2：该故障发生在相对于速度反馈脉冲的变化位置反馈脉冲变化量较小的情况下。因此，只会出现在全闭环的结构中。首先应确认外置检测器是否正确输出位置反馈脉冲，若正确，则可判断是电动机位置与光栅尺位置之间的间隙太大，发生了机床开始运转时只有电动机反转的情况。

2. βi 伺服放大器的故障与维修

βi 伺服放大器主要故障部位如图 7-32 所示，由于现在使用的伺服放大器是全数字系统，基本上不能用常规工具检查，所以当 FANUC 进给驱动系统部件有故障时，除了在数控系统信息显示页面查看到报警信息外，还可以利用驱动系统报警号和伺服参数调整页面报警信息综合加以判断。

1）故障 1：故障号“SV5139”（FSSB 错误，故障部位在图 7-32 中的 1、2、3、4 处）。

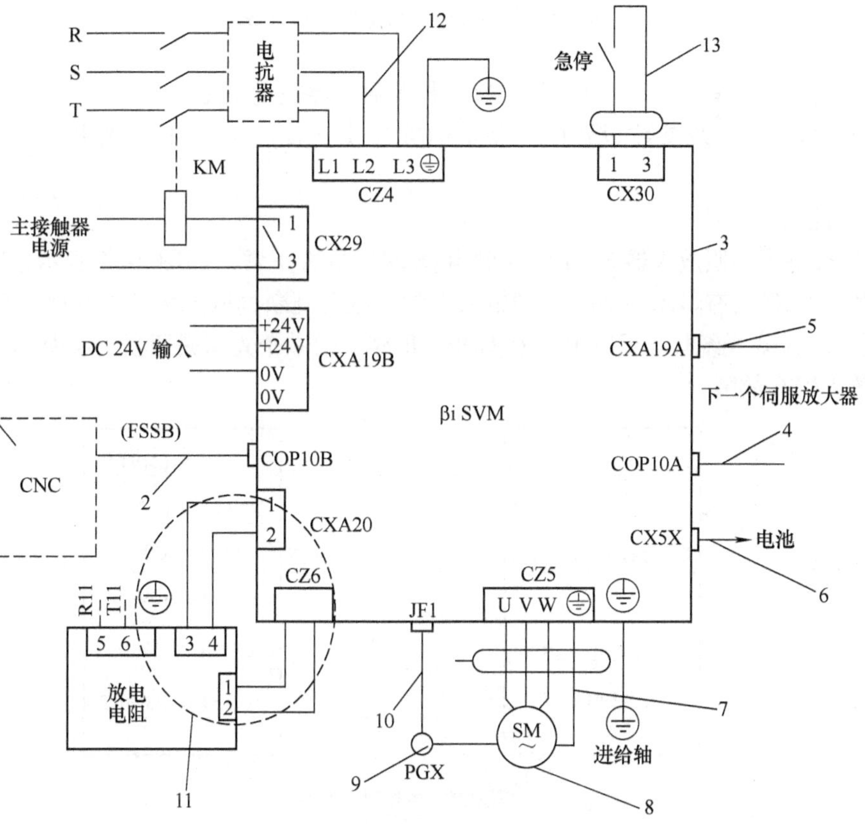

图 7-32 βi 伺服放大器主要故障发生部位

排除方法：

① 更换在 LED“ALM”点亮的放大器中距 CNC 最近的 SVM 光缆（COP10A），若是如图 7-33 所示情况，则为 UNTT2 和 UNTT3 间的电缆。

② 更换在 LED“ALM”点亮的放大器中距 CNC 第二近的 SVM 模块，若是如图 7-33 所示情形，则为 UNTT3。

③ 更换在 LED“ALM”点亮的放大器中距 CNC 最近的 SVM 模块，若是如图 7-33 所示情形，则为 UNIT2。

④ 更换 CNC 的伺服卡。

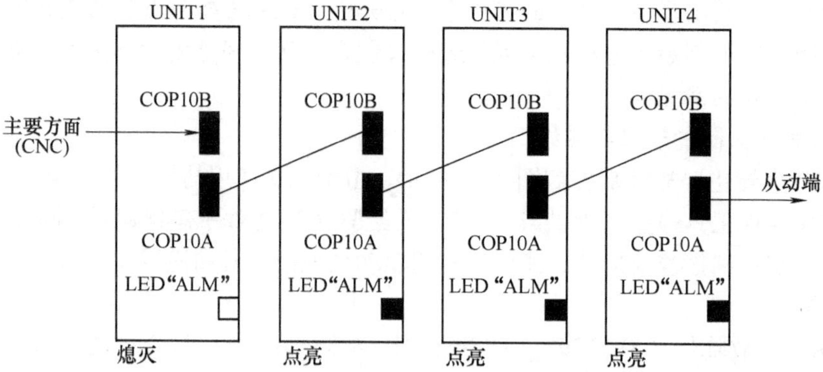

图 7-33 FSSB 错误报警灯点亮示意图

2）故障 2：故障号“SV 5136”（FSSB 伺服放大器数量不足）。

主要原因：与系统参数设置的控制轴的数量相比较，FSSB 上识别出伺服放大器数量不够。

排除方法：

① 检查每个伺服放大器 SVM 的控制电源 24V 是否正常，如图 7-34 所示，LED 是否有显示，如果 LED 没有显示而 24V 电源输入正常，则可判断伺服放大器有故障。如果 LED 有显示，检查 FSSB 光缆接口 COP10A 和 COP10B 靠下的一个光口是否发光，如果不发光则可以判断放大器有故障。

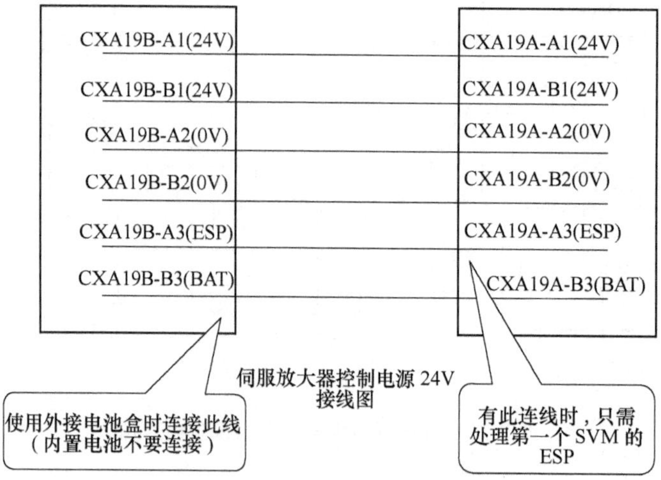

图 7-34 伺服放大器控制电源 24V 接线图

② 检查连接伺服放大器和系统轴卡的 FSSB 光缆是否有故障。检查的办法是用手电筒照光缆的一头，如果另一头的两个光口都有光发出，确认光缆正常，否则不正常。

③ 确认参数是否有更改，恢复机床的原始参数。

3）故障 3：故障号“SV434”（逆变器控制电压低，故障部位在图 7-32 中的 4、5 处）。

主要原因：外部控制电源（DC 24V）电压低。

排除方法：

① 确认外部电源（DC 24V）的电压水平（正常时不小于 21.6V）。

② 确认连接器和电缆线是否正确（CXA19A，CXA19B）。

③ 更换 SVM。

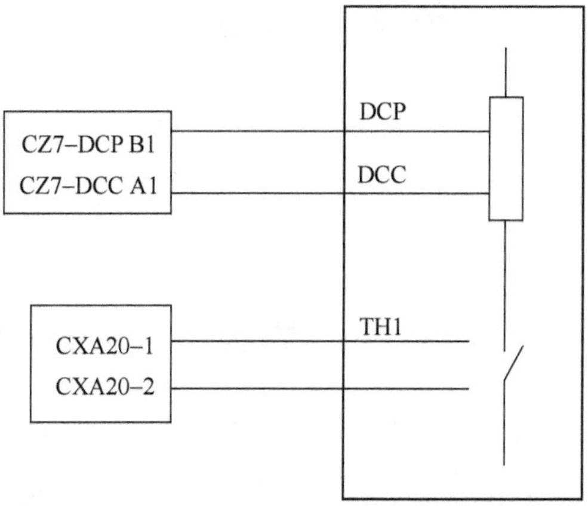

图 7-35 伺服放大器与制动电阻的连接

4）故障 4：故障号“SV440”（变换器减速功率过大，故障部位在图 7-33 中的 3、11 处）。

主要原因：故障部位可能位于伺服放大器或制动电阻，伺服放大器与制动电阻的连接如图 7-35 所示。

排除方法（以 SVM1-4i、SVM1-20i 为例）：

① 不使用分离式再生电阻时：用虚拟连接器使 CXA20 短路；确认已切实插入 SVM 的面板（控制基板）；更换 SVM。

② 使用分离式再生电阻时：用测试器确认再生电阻端的连接器 CXA20 的两端电阻值是否为 0；平均再生电力可能较高，应重新评估电阻的规格；确认已切实插入 SVM 的面板（控制基板）；更换 SVM。

5）故障 5：“SV0449”变频器 IPM 报警（故障部位在图 7-32 中的 7、8 处）。

排除方法：

① 确认已切实插入面板（控制基板）。

② 从 SVM 取下电动机的动力线，取消急停，当 IPM 报警不发生时至第③步，当 IPM 报警时更换 SVM。

③ 从 SVM 取下电动机的动力线，确认电动机动力线 U、V、W 中的一根和 PE 的绝缘情况，当绝缘效果退化时至第 4 步，当绝缘正常时更换 SVM。

④ 分离电动机和动力线，确认电动机和动力线的绝缘情况，当电动机的绝缘效果退化时更换电动机，当动力线的绝缘效果退化时更换动力线。

课堂训练

FANUC 数控系统为了使用户能直观地了解伺服电动机运行情况及伺服报警情况，专门设计了伺服参数调整页面，实际维修当中，当有故障时，可根据伺服参数调整页面提供的报警信息 1~5 进行综合分析。

操作数控机床，调出伺服调整与伺服诊断画面，熟悉伺服参数调整页面各部分的含义。

课后练习

理解常见伺服参数调整作用，熟悉参数“1825”“1826”“1827”“1828”“1829”“1851”的含义，如果移动伺服轴时“411”报警，可适当增大参数“1828”设置值，如果系统“410”报警，可适当增大参数“1829”设置值。

附　录

附录A　FANUC数控系统常见报警表

报警号	报警信息	含义及处理方法
请求切断电源的报警		
000	PLEASE TURN OFF POWER（请关闭电源）	输入了要求断电才生效的参数。请切断电源
001	X ADDRESS（＊DEC）NOT ASSIGNED（未定义X地址）	PMC的X地址未能正确定义。在参数“NO.3013”设定过程中，返回参考点减速挡块信号（＊DEC）的X地址未能正确定义
有关编程操作、通信的报警		
009	IMPROPER NC ADDRESS（NC地址不对）	指定了不可在NC语句中使用的地址，或者尚未设定参数“NO.1020”
011	NO FEEDRATE COMMANDED（无进给速度指令）	没有指定切削进给速度F代码，或进给速度指令不当。请修改NC程序
070	NO PROGRAM SPACE IN MEMORY（无存储空间）	存储器的存储容量不够。请删除各种不必要的程序并再试
071	DATA NOT FOUND（未发现数据）	没有找到检索的地址数据，或者在程序号检索中，没有找到指定的程序号。请再次确认要检索的数据
072	TOO MANY PROGRAMS（程序太多）	登录的程序数超过200个。请删除不要的程序，再次登录
073	PROGRAM NUMBER ALREADY IN USE（程序号已被使用）	要登录的程序号与已登录的程序号相同。请变更程序号或删除旧的程序号后再次登录
074	ILLEGAL PROGRAM NUMBER（非法的程序号）	使用了程序号为1~9999以外的数字。请修改程序号
085	COMMUNICATION ERROR（通信错误）	用阅读机/穿孔机接口进行数据读入时，出现溢出错误、奇偶错误或成帧错误。可能是输入数据的位数不吻合，或波特率的设定、设备的规格号不对
086	DR SIGNAL OFF（DR信号关断）	用阅读机/穿孔机接口进行数据输入/输出时，I/O设备的动作准备信号（DR）断开。可能是I/O设备电源没有接通，电缆断线或印制电路板出故障；也可能是存储卡通道没开通（“20”号参数未设为“4”）
087	BUFFER OVERFLOW（缓冲器溢出）	用阅读机/穿孔机接口读入数据时，虽然指定了读入停止，但超过了10个字符后输入仍未停止。I/O设备或印制电路板出故障

（续）

报警号	报警信息	含义及处理方法
有关编程操作、通信的报警		
090	REFERENCE RETURN INCOMPLETE（返回参考点未完成）	1）因起始点离参考点太近，或速度过低，而不能正常返回参考点。把起始点移到离参考点足够远的距离，再进行参考点返回。或提高返回参考点的速度，再进行参考点返回 2）使用绝对位置检测器进行参考点返回时，如出现此报警，除了确认上述条件外，还要进行以下操作：在伺服电动机转至少一转后，断电源再开机，再返回参考点
100	PARAMETER WRITE ENABLE（可写入参数）	参数设定画面 PWE（参数可写入）= “1”。请设为“0”，再使系统复位。同时按下［RESET］和［CAN］键可消除此报警
224	ZERO RETURN NOT FINISHED（回零未结束）	在自动运行开始之前，未执行返回参考点。请执行返回参考点操作
302	SETTING THE REFERENCE POSITION WITHOUT DOG IS NOT PERFORMED（不能用无挡块回参考点方式）	不能用无挡块返回参考点方式设定参考点，检查“1005#1”（DLZ）。可能由下列原因引起： 1）在 JOG 进给中，没有将轴朝着返回参考点方向移动 2）轴沿着与手动返回参考点方向相反的方向移动
1807	PARAMETER SETTING ERROR（输入/输出参数设定错误）	指定了非法 I/O 接口。针对与外部输入/输出设备之间的波特率、停止位、通信协议选择，参数设定有误，请检查 I/O 通道参数“NO. 20”
1966	FILE NOT FOUND（MEMORY CARD）［文件未找到（存储卡）］	存储卡上找不到指定的文件
1968	ILLEGAL FILE NAME（MEMORY CARD）［非法文件名（存储卡）］	存储卡上的文件名非法，或 DNC（分布式数控）加工时存储卡上找不到指定的文件
1973	FILE ALREADY EXIST（文件已存在）	存储卡上已经存在同名文件
5009	PARAMETER ZERO（DRY RUN）［进给速度为 0（空运行速度）］	空运行速度参数“NO. 1410”或者各轴的最大切削进给速度参数“NO. 1430”被设定为 0
5010	END OF RECORD（记录结束）	在程序段的中途指定了“EOR（记录结束）”代码。在读出 NC 程序最后的百分比符号时也会发出此报警（NC 程序结尾缺“EOB”符号）
5011	PARAMETER ZERO（CUT MAX）［进给速度为 0（最大切削速度）］	最大切削进给速度参数“NO. 1430”的设定值被设定为 0
有关绝对编码器（APC）的报警		
300	APC ALARM：n AXIS ORIGIN RETURN（第 n 轴需回零）	参考点丢失，需对第 n 轴（1~4 轴）进行参考点设定。请检查参数“NO. 1815”#4（APZ）

（续）

报警号	报警信息	含义及处理方法
有关绝对编码器（APC）的报警		
301	APC ALARM：n AXIS COMMUNITCAT ION ERROR（APC 报警：第 *n* 轴通信错误）	由于绝对位置检测器的通信错误，机械位置未能正确求得。数据传输异常，绝对位置检测器、电缆或伺服接口模块可能存在缺陷
306	APC ALARM：n AXIS BATTERY VOLTAGE 0（第 *n* 轴电池电压为 0）	第 *n* 轴（1~4 轴）绝对编码器用电池电压已降低到不能保持数据的程度（如 2V 以下），电池或电缆接触不良。请更换电池
307	APC ALARM：n AXIS BATTERY LOW 1（第 *n* 轴电池电压低）	第 *n* 轴（1~4 轴）绝对编码器用电池电压降低到要更换电池的程度。请更换电池
5340	PARAMETER CHECK SUM ERROR（参数校验和错误）	由于参数的更改，使得参数校验和与参考校验和不匹配。请恢复参数，或者重新设定参考校验和，检查参数“NO. 13730#0”（CKS）
有关串行脉冲编码器（SPC）的报警		
368	SERIAL DATA ERROR（INT）串行数据错误（内装）	不能接收内装脉冲编码器的通信数据 相关编码器报警的原因有： 1）电动机后面的编码器有问题，如果客户的加工环境很差，有时会有切削液或液压油浸入编码器中导致编码器故障 2）编码器的反馈电缆有问题，电缆两侧的插头没有插好。由于机床在移动过程中，坦克链会带动反馈电缆一起动，这样就会造成反馈电缆被挤压或磨损而损坏，从而导致系统报警。尤其是偶然的编码器方面的报警，很大可能是反馈电缆磨损所致 3）伺服放大器的控制侧电路板损坏 解决方案： 1）把此电动机上的编码器跟其他电动机上的同型号编码器进行互换，如果互换后故障转移，说明编码器本身已经损坏 2）把伺服放大器跟其同型号的放大器互换，如果互换后故障转移说明放大器有故障 3）更换编码器的反馈电缆，注意有的时候反馈电缆损坏后会造成编码器或放大器烧坏，所以最好先确认反馈电缆是否正常
有关伺服的报警		
401	SERVO ALARM：n AXIS VRDY OFF（第 *n* 轴 VRDY 信号关断）	第 *n* 轴（1~4 轴）的伺服放大器的准备好信号 VRDY 为 OFF
410	SERVO ALARM：n AXIS EXCESS ERROR（STOP）［第 *n* 轴超差（停止时）］	第 *n* 轴停止中的位置偏差量的值超过了参数“NO. 1829”设定的值
411	SERVO ALARM：n AXIS EXCESS ERROR（MOVE）［第 *n* 轴超差（移动时）］	第 *n* 轴移动中的位置偏差量的值超过了参数“NO. 1828”设定的值，可能的原因有： 1）参数设定不准确，检查“NO. 1828”“NO. 1825” 2）电动机侧动力电缆连接不良 3）机械卡死

（续）

报警号	报警信息	含义及处理方法
有关伺服的报警		
417	SERVO ALARM：n AXIS ILLEGAL DIGITAL SERVO PARAMETER INCORRECT （伺服参数设定不正确）	数字伺服参数设定不正确。伺服软件检测到非法参数。当第 n 轴处在下列状况之一时发生此报警（数字伺服系统报警） 1）“NO. 2020”（电动机形式）设定在特定限制范围以外 2）“NO. 2022”（电动机旋转方向）没有设定正确值（111 或-111） 3）“NO. 2023”（电动机一转的速度反馈脉冲数）设定了非法数据（例如小于 0 的值） 4）“NO. 2024”（电动机一转的位置反馈脉冲数）设定了非法数据（例如小于 0 的值） 5）“NO. 2084”和“NO. 2085”（柔性齿轮比）没有设定 6）“NO. 1023”（伺服轴数）设定了超出范围（1~伺服轴数）的值或是设定了范围内不连续的值，或设定隔离的值（例如没有 3 轴，而设定 4） 7）参数“NO. 1825”（伺服环增益）没有设定
430	n AXIS：SV. MOTOR OVERHEAT （第 n 轴伺服电动机过热）	第 n 轴伺服电动机过热
431	CONVERTER OVERLOAD （整流器回路过载）	电源模块：过热 伺服放大器：过热
432	CONVERTER LOW VOLTAGE CONTROL （整流器控制电压低）	电源模块：控制电源的电压下降 伺服放大器：控制电源的电压下降 经常是模块之间互联线连接不良
433	CONVERTER LOW VOLTAGE DC LINK （整流器直流母线电压低）	电源模块：DC LINK 电压下降 伺服放大器：DC LINK 电压下降 经常是模块之间互联线连接不良
434	INVERTER LOW VOLTAGE CONTROL （逆变器控制电压低）	伺服放大器：控制电源的电压下降 经常是模块之间互联线连接不良
435	INVERTER LOW VOLTAGE DC LINK （逆变器直流母线电压低）	伺服放大器：DC LINK 电压下降 经常是模块之间互联线连接不良
436	n AXIS：SOFT THERMAL（OVC） （第 n 轴软件过热）	数字伺服软件检测到软件热态（OVC） 预警性过热过载报警，即伺服电动机在当前的负载状态下长期工作，将会过热、过载，而不是目前伺服电动机出现过热、过载报警。应当把更多的注意力放在检查伺服电动机的机械负载上，如检查重力轴制动器回路、伺服电动机绝缘状况以及与丝杠联轴器的连接等
438	n AXIS：INVERTER ABNORMAL CURRENT （第 n 轴逆变器电流异常）	伺服放大器：电动机电流过大 参数设定不合适，请按标准设定伺服参数，当 SERVO SETTING 时，设定正确的电动机代码；也有可能是因为硬件连接不良，检查放大器电源连接

（续）

报警号	报警信息	含义及处理方法
有关伺服的报警		
445	SOFT DISCONNECT ALARM （软断线报警）	数字伺服软件检测到脉冲编码器断线
446	HARD DISCONNECT ALARM （硬断线报警）	通过硬件检测到内装脉冲编码器断线 请检查反馈电缆是否有断线，或更换一根新的编码器电缆再测试
449	n AXIS ：INVERTER IPM ALARM （第 *n* 轴逆变器 IPM 报警）	伺服放大器：IPM（智能功率模块）检测到报警。通常有电缆松动的现象，请重新连接放大器电缆
456	n AXIS：ILLEGAL CURRENT LOOP （第 *n* 轴非法的电流环回路）	指定了非法的电流控制周期 使用的放大器脉冲模块不匹配高速 HRV，或者系统不满足使用高速 HRV 控制的限制条件。正确设定 SERVO SETTING，即可消除此报警
459	HI HRV SETTING ERROR （高速 HRV 设定错误）	伺服轴号（参数“NO. 1023”）相邻的奇数和偶数的两个轴中，一个轴能够进行高速 HRV 控制，另一个轴不能进行高速 HRV 控制
465	READ ID DATA FAILED （读 ID 数据失败）	接通电源时，未能读出放大器的初始 ID 信息。通常重新进行 SERVO SETTING 设定后，即可消除此报警
466	n AXIS：MOTOR/AMP. COMBINATION （第 *n* 轴电动机/放大器组合不对）	检查 ID 画面上的放大器最大电流值，对应参数“NO. 2165”的设定，再次检查放大器、电动机的匹配情况 *n* 轴：ID 数据读取失败。电源接通时，不能读取放大器初始 ID 信息 *n* 轴：电动机/放大器组合。放大器的最大额定电流与电动机的最大额定电流不匹配 通常重新进行 SERVO SETTING 设定后，即可消除此报警
607	n AXIS：CNV. SINGLE PHASE FAILURE （第 *n* 轴变频器主电源断相）	共同电源：输入电源断相
1026	ILLEGAL AXIS ARRANGE （轴的分配非法）	伺服的轴配置的参数没有正确设定 参数“NO. 1023”的“每个轴的伺服轴号”中设定了负值、重复值或者比控制轴数更大的值
有关超程的报警		
500	OVER TRAVEL：+n（SOFT） [第 *n* 轴正向超程（软件）]	超过了第 *n* 轴的正向存储行程检查的范围（参数“1320”）
501	OVER TRAVEL：-n（SOFT） [第 *n* 轴负向超程（软件）]	超过了第 *n* 轴的负向存储行程检查的范围（参数“1321”）
506	OVER TRAVEL：+n（HARD） [第 *n* 轴正向超程（硬件）]	启用了正向端的行程极限开关 机床到达行程终点时发出报警。发出此报警时，若是自动运行，所有轴的进给都会停止。若是手动运行，仅发出报警的轴停止进给
507	OVER TRAVEL：-n（HARD） [第 *n* 轴负向超程（硬件）]	启用了负向端的行程极限开关 机床到达行程终点时发出报警。发出此报警时，若是自动运行，所有轴的进给都会停止。若是手动运行，仅发出报警的轴停止进给

（续）

报警号	报警信息	含义及处理方法
有关主轴的报警		
1220	NO SPINDLE AMP （无主轴放大器）	连接于串行主轴放大器的电缆断线，或者尚未连接好串行主轴放大器。检查“3716#0”的设定是否符合实际配置
1240	DISCONNECT POSITION CODER （位置编码器断线）	模拟主轴的位置编码器断线。检查“3716#0”的设定是否符合实际配置
1982	SERIAL SPINDLE AMP. ERROR （串行主轴放大器错误）	在从串行主轴放大器端 SIC-LSI 读出数据时发生了错误。请切断主轴电源（总电源），然后重新开机
9001	SSPA：01 MOTOR OVERHEAT （电动机过热）	电动机内部温度超过指定水准，超过额定值使用，或冷却元件异常。请检查风扇、周围温度及负载情况等
9012	SSPA：12 OVERCURRENT POWER CIRCUIT （DC LINK 电路过电流）	电动机电流过大，电动机参数与电动机型号不一致，电动机绝缘不良。检查主轴参数，检查电动机绝缘状态，更换主轴放大器
9027	SSPA：27 DISCONNECT POSITION CODER （位置编码器断线）	主轴位置编码器 JYA3 信号异常。更换电缆
9031	SSPA：31 MOTOR LOCK OR DISCONNECT DETECTOR （电动机锁住或检测器断线）	电动机不能在指定的速度下旋转 1）检查并修改负载状态 2）更换电动机传感器电缆（JYA2）
9034	SSPA：34 ILLEGAL DATA （参数非法）	设定了超过允许值的参数数据
有关系统的报警		
900	ROM PARITY CNC （ROM 奇偶校验错误）	宏程序、数字伺服等的 ROM 奇偶错误。修改所显示号码的 FROM 的内容
910	SRAM PARITY：（BYTE 0） （SRAM 奇偶校验错误）	在零件程序存储 RAM 中发生奇偶校验错误。清除存储器，或者更换 SRAM 模块或主板，然后重新设定参数和数据
911	SRAM PARITY：（BYTE 1） （SRAM 奇偶校验错误）	
926	FSSB ALARM （FSSB 报警）	更换轴控制卡（轴/显卡）
930	CPU INTERRUPT （CPU 中断）	CPU 报警（非正常中断），主板或者 CPU 卡有故障
有关 FSSB 总线的报警		
5136	FSSB：NUMBER OF AMPS IS SMALL （放大器数量不足）	与控制轴的数量比较，FSSB 识别出的放大器的数量不够。请确认光纤连接正常，放大器模块无故障
5137	FSSB：CONFIGURATION ERROR （FSSB 配置错误）	FSSB 检测到配置错误
5138	FSSB：AXIS SETTING NOT COMPLETE （轴设定未完成）	在自动设定方式，还没完成轴的设定 请在 FSSB 设定画面进行轴的设定
5139	FSSB：ERROR	伺服初始化没有正常结束。光缆可能失效，或者与放大器或别的模块的连接有误。请检查光缆和连接状态

注：更多报警信息，请查阅 FANUC 维修说明书 B-64305。

附录 B　FANUC 数控系统常见参数表

参数号	含义	使 用 情 境
20#4	I/O 通道	当为本机 I/O 设备接口与外部 I/O 设备之间进行数据（程序、参数等）的输入/输出时，需要设定该参数。经常使用存储卡，此时该参数设为“4”。如果系统配备 USB 接口，则该参数设为“17”
138#7（MNC）	是否从存储卡进行 DNC 运行，或从存储卡进行外部设备子程序调用 0：不进行 1：进行	DNC 加工时该参数设为“1”
与轴控制/设定单位相关的参数		
1001#0（INM）	直线轴的最小移动单位为 0：米制 1：英制	国外英制图纸零件加工时设为“1”
1002#0（JAX）	JOG 进给、手动快速移动以及手动返回参考点的同时控制轴数为 0：1 轴 1：3 轴	为提高效率，需要两轴同时手动进给时，设为“1”
1005#0（ZRN）	在通电后没有执行一次参考点返回的状态下，通过自动运行指定了伴随 G28 以外的移动指令时 0：发出报警（PS.0224）“回零未结束” 1：不发出报警就执行操作	—
1005#1（DLZ）	将无挡块参考点设定功能设定为 0：用减速挡块回参考点 1：无挡块回参考点	采用绝对式编码器作为检测元件时设为“1”
1006#3（DIAx）	各轴的移动指令为 0：半径指定 1：直径指定	车床应用时使用
1006#5（ZMI）	手动参考点标志搜索方向为 0：正方向 1：负方向	若设为“1”，则回参考点过程可能会有一个调头过程
1020	各轴的程序轴名称 X 轴：88；Y 轴：89；Z 轴：90	车床 X 轴：88；Z 轴：90
1022	设定各轴为基本坐标系中的哪个轴 1：基本 3 轴的 X 轴 2：基本 3 轴的 Y 轴 3：基本 3 轴的 Z 轴	—
1023	各轴的伺服轴号 设定各控制轴与第几号伺服轴对应	通常将控制轴号与伺服轴号设定为相同值

（续）

参数号	含义	使 用 情 境
与坐标系相关的参数		
1240	参考点在机械坐标系中的坐标值	车床上参考点坐标值需设置为行程最大值
1320	各轴的存储行程限位的正方向坐标值	规定行程外 0.5~1mm 处
1321	各轴的存储行程限位的负方向坐标值	规定行程外 0.5~1mm 处
与进给速度相关的参数		
1401#0（RPD）	通电后参考点返回完成之前，将手动快速移动设定为 0：无效（成为 JOG 进给） 1：有效	—
1402#4（JRV）	JOG 进给和增量进给 0：选择每分钟进给 1：选择每转进给	—
1404#1（DLF）	参考点建立后的手动返回参考点操作 0：在快速移动速度（参数“NO.1420”）下定位到参考点 1：在手动快速移动速度（参数 NO.1424）下定位到参考点	此参数用来选择使用无挡块参考点设定功能时的速度，同时还用来选择通过参数“SJZ（NO.0002#7）”在参考点建立后的手动返回参考点操作中，不用减速挡块而以快速移动方式定位到参考点时的速度
1410	空运行进给速度	此参数设定 JOG 进给速度指定度盘的 100%位置的空运行速度，一般与切削进给上限速度大致相同
1420	各轴快速移动速度	下列情形下采用此速度： 1）G00 运动 2）采用增量式编码器时的手动参考点返回快速 3）采用绝对式编码器时的手动参考点返回速度 4）受快速倍率 F0、25%、50%、100%修调
1421	各轴快速移动倍率的 F0 速度	—
1423	各轴 JOG 进给速度	—
1424	各轴手动快速移动速度	受快速倍率 F0、25%、50%、100%修调
1425	各轴返回参考点低速	300~500mm/min
1428	各轴回参考点快进速度	此参数设定采用减速挡块的参考点返回的情形下，或在尚未建立参考点的状态下的参考点返回情形下的快速移动速度。作为参考点建立前的自动运行的快速移动指令“G00”的进给速度使用
1430	各轴切削进给上限速度	各轴单独设定

（续）

参数号	含义	使用情境
与加/减速控制相关的参数		
1620	各轴快速进给的直线型加减速时间常数	电动机从零加速至额定转速所用的时间，一般设定在150ms左右
1622	各轴切削进给的指数型加减速时间常数	移动部件从零加速至编程速度所用的时间，一般设定在100ms左右
与伺服相关的参数		
1815#0（RVS）	使用没有转速数据的直线尺的旋转轴B类型，可动范围在一转以上的情况下，是否通过CNC来保存转速数据 0：不予保存 1：予以保存	—
1815#4（APZ）	使用绝对式编码器时，机械位置与绝对式编码器之间的位置对应关系 0：尚未建立 1：已经建立	使用绝对位置检测器时，在进行第1次调节或更换绝对位置检测器时，务必将其设定为“0”，再次通电后，通过执行手动返回参考点等操作进行绝对位置检测器的原点设定。由此，完成机械位置与绝对位置检测器之间的位置对应，此参数即被自动设定为“1”
1815#0（APC）	位置检测器为 0：增量式编码器 1：绝对式编码器	采用绝对式回零须设此参数
1820	各轴指令倍乘比（CMR）	通常设为“2”
1821	各轴参考计数器容量	使电动机转动一转所需的位置反馈脉冲数
1825	各轴位置环增益	数据范围1~9999，注意设定单位是0.01/s，若没有设定该参数，则LCD显示“417”号报警
1826	设定各轴的到位宽度	典型设定值为10~20μm
1828	各轴移动时跟随误差的临界值	用检测单位求出快速进给时的跟随误差量，为了使在一定的超量范围内系统不报警，应留有50%左右的余量
1829	各轴停止时跟随误差量的临界值	一般设定为机床实际定位精度的10~20倍
1850	各轴栅格位移量/参考点位移量	用于参考点位置的微调
1851	各轴反向间隙补偿量	—
1852	各轴快速移动时的反向间隙补偿量	—
1902#0（FMD）	将FSSB的设定方式设定为 0：自动设定方式 1：手动设定方式	—
1902#1（ASE）	FSSB的设定方式为自动设定方式（参数FMD（NO.1902#0）=“0”）时，自动设定 0：尚未结束 1：已经结束。当自动设定结束时，该位将被自动地设定为“1”	—

（续）

参数号	含义	使 用 情 境
与 DI/DO 相关的参数		
3003#0（ITL）	使所有轴互锁信号 0：有效 1：无效	通过 CNC 诊断功能，查看是否有轴互锁现象，可以修改此参数来解锁
3003#2（ITX）	使各轴互锁信号 0：有效 1：无效	通过 CNC 诊断功能，查看是否有轴互锁现象，可以修改此参数来解锁
3003#3（DIT）	使不同轴向互锁信号 0：有效 1：无效	通过 CNC 诊断功能，查看是否有轴互锁现象，可以修改此参数来解锁
3003#5（DEC）	用于参考点返回操作的减速信号 0：在信号为 0 下减速 1：在信号为 1 下减速	这个参数的设定取决于回零减速开关的硬件接线
3004#5（OTH）	是否进行超程信号的检查 0：进行 1：不进行	用于轴退出硬件保护区，此时将“OTH”改成“1”（暂时取消硬件保护），退出后，为确保安全，必须将“OTH”改回“0”
3008#1（XSG）	分配给 X 地址的信号 0：属于固定地址 1：可变换为任意的 X 地址	与 3013、3014 联合使用
3013	分配用于参考点返回操作的减速信号的 X 地址	—
3014	分配用于参考点返回操作的减速信号的 X 地址的位（bit）的位置	—
与显示和编辑相关的参数		
3105#0（DPF）	是否显示实际进给速度 0：不予显示 1：予以显示	调整进给倍率功能时，需要显示 ACTUAL FEED RATE
3105#2（DPS）	是否显示实际主轴转速和 T 代码 0：不予显示 1：予以显示	调整主轴倍率功能时，需要显示 ACTUAL SPINDLE SPEED。串行主轴时，将“4002#0”设为“1”
3106#4（OPH）	是否显示操作履历画面 0：不予显示 1：予以显示	—
3106#5（SOV）	是否显示主轴倍率值 0：不予显示 1：予以显示	参数“DPS（NO. 3105#2）”为“1”时，设定值有效
3107#3（GSC）	要显示的进给速度 0：为每分钟进给速度 1：取决于参数“FSS（NO. 3191#5）”的设定	设为“1”时，“G99”以 mm/rev 显示

（续）

参数号	含义	使 用 情 境
与显示和编辑相关的参数		
3108#6（SLM）	是否显示主轴负载表 0：不予显示 1：予以显示	1）只有在参数“DPS（NO.3105#2）”为“1”时，该参数有效 2）只有在串行主轴时有效
3108#7（JSP）	是否在当前位置显示画面和程序检查画面上显示 JOG 进给速度或者空运行速度 0：不予显示 1：予以显示	手动运行方式时，显示 JOG 进给速度，自动运行方式时，显示空运行速度。两者都显示应用了手动进给速度倍率的速度
3111#0（SVS）	是否显示用来显示伺服设定画面的软键 0：不予显示 1：予以显示	伺服设定画面也可以通过参数设定支援画面调出
3111#1（SPS）	是否显示用来显示主轴设定画面的软键 0：不予显示 1：予以显示	主轴设定画面也可以通过参数设定支援画面调出
3111#5（OPM）	是否进行操作监视显示 0：不予进行 1：予以进行	监控各轴负载、转矩等
3111#6（OPS）	操作监视画面的速度表 0：显示出主轴电动机速度 1：显示出主轴速度	—
3111#7（NPA）	当发生报警或输入了操作信息时 0：切换到 ALARM/MESSAGE 画面 1：不切换到 ALARM/MESSAGE 画面	当诊断 PMC 信号有无时，选择不切换至 ALARM/MESSAGE 画面
3116#2（PWR）	将参数“PWE（NO.8900#0）”设定为“1”时发生的报警“SW0100”（参数写入开关处于打开） 0：通过［CAN］+［RESET］键操作来清除。 1：通过［RESET］操作或者外部复位 ON 来清除	—
3191#5（FSS）	每分钟进给速度或每转进给速度的显示 0：通过运行状态进行切换 1：与运行状态无关，假设为每转进给速度	—

（续）

参数号	含义	使 用 情 境
与显示和编辑相关的参数		
3192#7（PLD）	10.4 in 显示器的左半部分显示位置的画面上，伺服轴负载表以及主轴速度表的显示功能 0：无效 1：有效	—
3208#0（SKY）	MDI 面板的功能键［SYSTEM］ 0：有效 1：无效	常用来对非权限人员锁住系统调试功能。如果［SYSTEM］按键无反应，则在 OFS/SET 界面下，把参数“NO. 3208#0”改为“0”即可
3290#7（KEY）	KEY 存储器保护键信号 0：使用 KEY1、KEY2、KEY3、KEY4 信号 1：仅使用 KEY1 信号	仅使用 KEY1 信号（G46.3） 将钥匙开关输入信号送给 G46.3（G46.3 = 1 表示存储器不受保护）
3299#0（PKY）	“写参数”的设定 0：在设定画面上进行设定［设定参数“PWE（NO. 8900#0）”］ 1：通过存储器保护信号“KEYP <G046.0>”进行设定	—
3301#7（HDC）	画面硬拷贝（复制）功能 0：无效 1：有效	I/O 通道“NO. 20”须设为“4”（存储卡接口）。翻到需拷贝的画面，持续按住［SHIFT］键 5s，开始拷贝（拷贝中时钟停止），按［CAN］键结束拷贝
与程序相关的参数		
3401#0（DPI）	省略了小数点时 0：视为最小设定单位 1：视为 mm、inch、sec	如该参数设为“0”，则 NC 编程时坐标值需加小数点，参数输入时也需加小数点
3402#4（FPM）	通电时车床系统默认及清除状态下为 0：G99 或 G95 方式（每转进给） 1：G98 或 G94 方式（每分钟进给）	F 值为每分钟进给时 NC 编程加 G98
与主轴控制相关的参数		
3713#4（EOV）	是否使用各主轴倍率信号 0：不使用 1：使用	—
3716#0（A/S）	主轴电动机的种类为 0：模拟主轴 1：串行主轴	使用模拟主轴的情况下，请在主轴配置的最后设定模拟主轴
3717	各主轴的主轴放大器号	使用模拟主轴的情况下，请在主轴配置的最后设定模拟主轴。例：当系统整体中有 3 个主轴时（串行主轴 2 台、模拟主轴 1 台），请将模拟主轴的主轴放大器号（本参数）的设定值设定为 3 一般设为 1

（续）

参数号	含义	使用情境
与主轴控制相关的参数		
3720	位置编码器的脉冲数	参数“3720”设定为4096 设定错误将导致S ACT显示值与实际转速不符
3730	用于主轴速度模拟输出的增益调整的数据	1）设定标准设定值1000 2）指定成为主轴速度模拟输出最大电压（10V）的主轴速度 3）测量输出电压 4）在参数“NO. 3730”中设定下式的值 5）在设定完参数后，再次指定主轴速度模拟输出成为最大电压的主轴速度，确认输出电压已被设定为10V 若是串行主轴的情形则不需要设定此参数
3731	主轴速度模拟输出的偏置电压的补偿量 设定值 = -8191 × 偏置电压(V)/12.5	1）设定标准设定值0 2）指定主轴速度模拟输出被设定为0的主轴速度 3）测量输出电压 4）在参数“NO. 3731”中设定下式的值 5）在设定完参数后，再次指定主轴速度模拟输出被设定为0的主轴速度，确认输出电压已被设定为0V 若是串行主轴的情形则不需要设定此参数
3735	主轴电动机的最低钳制速度	—
3736	主轴电动机的最高钳制速度	通常设为4095
3740	检查主轴速度达到信号之前的时间	—
3741	与齿轮1对应的各主轴的最大转速	—
3772	各主轴的上限转速	设定值为0时，不进行转速的钳制
4019#7	自动设定主轴	在自动设定串行接口主轴放大器参数的情况下，将参数“NO. 4019”的bit7设定为“1”，同时在参数“NO. 4133”中设定所使用的电动机的型号代码，在切断CNC和主轴放大器的电源后重新启动
4133	主轴电动机代码	如βiI3/10000的代码为332
与手轮进给相关的参数		
7100#0（JHD）	是否在JOG进给方式下使手轮进给有效，是否在手轮进给方式下使增量进给有效 0：无效 1：有效	—
7113	手轮进给的倍率 m	—
7114	手轮进给的倍率 n	—

（续）

参数号	含义	使 用 情 境
与 0i D / 0i Mate D 基本相关的参数		
8131#0（HPG）	是否使用手轮进给 0：不使用 1：使用	—
8133#5（SSN）	是否使用主轴串行输出 0：使用 1：不使用	—
11303#0（LDP） 13730#0（CKS）	伺服负载表的轴显示与坐标值的轴显示 0：联动 1：不联动 通电时是否进行参数校验和的检查 0：不予进行 1：予以进行	—

注：更多参数请查阅 FANUC 维修说明书 B-64310。

附录 C　FANUC 数控系统常见 PMC 信号表

G 控制信号		
信号名称	助记符	地址
紧急停止	＊ESP	X8. 4，G8. 4
工作方式选择	MD1，MD2，MD4	G43. 0~G43. 2
DNC 加工方式	DNCI	G43. 5
回参考点方式	ZRN	G43. 7

方式		输入信号					输出信号
		MD4 <G43. 2>	MD2 <G43. 1>	MD1 <G43. 0>	DNCI <G43. 5>	ZRN <G43. 7>	
自动运行	手动数据输入（MDI）	0	0	0	—	—	MMDI<F3. 3>
	存储器运行（MEM）	0	0	1	0	—	MMEM<F3. 5>
	DNC 运行（RMT）	0	0	1	1	—	MRMT<F3. 4>
编辑（EDTT）		0	1	1	0	—	MEDT<F3. 6>
手动运行	手轮/增量进给（HANDLE/INC）	1	0	0	—	—	MH<F3. 1> MINC<F3. 0>
	JOG 进给	1	0	1	—	0	MJ<F3. 2>
	手动参考点返回（REF）	1	0	1	—	1	MREF<F4. 5>

进给轴硬件超程（正向）	＊+L1~＊+L4	G114. 0~G114. 3
进给轴硬件超程（负向）	＊-L1~＊-L4	G116. 0~G116. 3
伺服断开	SVF1~SVF4	G126. 0~G126. 3
JOG 进给（正向）	+J1~+J4	G100. 0~G100. 3
JOG 进给（负向）	-J1~-J4	G102. 0~G102. 3
JOG 进给倍率	＊JV0~＊JV15	G10、G11
切削进给倍率	＊FV0~＊FV7	G12

G10=-(设定倍率×100+1)，对应的倍率值为 0~327. 67%。

G10=65535-设定倍率×100，对应的倍率值为 327. 68%~655. 34%。

G12=-(设定倍率+1)，对应的倍率值为 0~127%。

G12=255-设定倍率，对应的倍率值为 128%~254%。

快速进给倍率	ROV1，ROV2	G14. 0，G14. 1

快速移动倍率信号		倍率值
ROV2	ROV1	
'0'	'0'	100%
'0'	'1'	50%
'1'	'0'	25%
'1'	'1'	F0

（续）

G 控制信号		
信号名称	助记符	地址
手动快速进给	RT	G19.7
手轮进给轴选择	HS1A～HS1D	G18.0～G18.3

手控手轮进给轴选择信号				进给轴
HSnD	HSnC	HSnB	HSnA	
'0'	'0'	'0'	'0'	无选择（哪个轴都不进给）
'0'	'0'	'0'	'1'	第 1 轴
'0'	'0'	'1'	'0'	第 2 轴
'0'	'0'	'1'	'1'	第 3 轴
'0'	'1'	'0'	'0'	第 4 轴
'0'	'1'	'0'	'1'	第 5 轴

手轮进给/增量进给倍率	MP1，MP2	G19.4，G19.5

手动手轮进给移动量选择信号		手控手轮进给
MP2	MP1	
'0'	'0'	最小设定单位×1
'0'	'1'	最小设定单位×10
'1'	'0'	最小设定单位×m(*1)
'1'	'1'	最小设定单位×n(*1)

回零点减速	＊DEC1～＊DEC4	X9.0～X9.3
循环启动	ST	G7.2
进给暂停	＊SP	G8.5
单程序段运行	SBK	G46.1
空运行	DRN	G46.7
程序段跳过	BDT	G44.0，G45
程序再启动	SRN	G6.0
辅助功能锁住	AFL	G5.6
机床锁住	MLK	G44.1
各轴独立的机床锁住	MLK1～MLK4	G108.0～G108.3
进给轴锁住	＊IT	G8.0
进给轴分别锁住	＊IT1～＊IT4	G130.0～G130.3
各轴各方向锁住（正向）	+MIT1～+MIT4	G132.0～G132.3
各轴各方向锁住（负向）	-MIT1～-MIT4	G134.0～G134.3
启动锁住（车床专用）	STLK	G7.1
镜像加工	MI1～MI4	G106.0～G106.3
程序保护	KEY	G46.3～G46.6

（续）

G 控制信号		
信号名称	助记符	地址
辅助功能完成（CNC 接收到该信号后即可启动下个加工程序段）	FIN	G4.3
M 功能完成信号	MFIN	G5.0
S 功能完成信号	SFIN	G5.2
T 功能完成信号	TFIN	G5.3
倍率无效	OVC	G6.4
倒带，光标回到开头	RRW	G8.6
外部复位	ERS	G8.7
工件号检索	PN1，PN2，PN4，PN8，PN16	G9.0~G9.4
跳转	SKIP	X4.7
模拟主轴实际传动级	GR1，GR2	G28.1，G28.2
齿轮档位选择	GR21	G29.0
主轴转速到达	SAR	G29.4
主轴定向	SOR	G29.5
主轴停止转动	*SSTP	G29.6
主轴转速倍率	SOV0~SOV7	G30
第 1 串行主轴选择	SWS1	G27.0
第 1 串行主轴停止	*SSTP1	G27.3
串行主轴实际传动级	CTH2A，CTH1A	G70.2，G70.3
串行主轴正转	SFRA	G70.5
串行主轴反转	SRVA	G70.4
串行主轴定向指令	ORCMA	G70.6
串行主轴准备好	MRDYA	G70.7
串行主轴报警复位	ARSTA	G71.0
串行主轴急停	*ESPA	G71.1
F 状态信号		
信号名称	助记符	地址
NC 准备好	MA	F1.7
伺服准备好	SA	F0.6
CNC 复位	RST	F1.1
CNC 报警	AL	F1.0
电池报警	BAL	F1.2
进给暂停中	SPL	F0.4
自动循环启动灯	STL	F0.5
自动（存储器）方式运行	OP	F0.7
增量进给方式	MINC	F3.0
手轮进给方式	MH	F3.1
JOG 进给方式	MJ	F3.2

（续）

F 状态信号		
信号名称	助记符	地址
MDI 方式	MMDI	F3.3
DNC 方式	MRMT	F3.4
存储器运行方式	MMEM	F3.5
编辑方式	MEDT	F3.6
示教方式	MTCHIN	F3.7
跳过任选程序段	MBDT1，MBDT2~MBDT9	F4.0，F5
机床锁住	MMLK	F4.1
单程序段	MSBK	F4.3
辅助功能锁住	MAFL	F4.4
手动返回参考点方式	MREF	F4.5
程序再启动	SRNMV	F2.4
空运行	MDRN	F2.7
手动回参考点结束	ZP1~ZP4	F94.0~F94.3
参考点建立	ZRF1~ZRF4	F120.0~F120.3
轴移动中	MV1~MV4	F102.0~F102.3
轴到位	INP1~INP4	F104.0~F104.3
轴运动方向	MVD1~MVD4	F106.0~F106.3
镜像有效	MMI1~MMI4	F108.0~F108.3
正向行程限位到达	+OT1~+OT4	F124.0~F124.3
负向行程限位到达	-OT1~-OT4	F126.0~F126.3
插补脉冲分配结束	DEN	F1.3
M 代码选通	MF	F7.0
S 代码选通	SF	F7.2
T 代码选通	TF	F7.3
M30，M02，M01，M00 译码	DM30，DM02，DM01，DM00	F9.4，F9.5，F9.6，F9.7
M 功能代码	M00~M31	F10~F13
S 功能代码	S00~S31	F22~F25
T 功能代码	T00~T31	F26~F29
主轴速度变动检测报警	SPAL	F35.0
第 1 串行主轴报警	ALMA	F45.0
第 1 串行主轴零速	SSTA	F45.1
第 1 串行主轴速度检测	SDTA	F45.2
第 1 串行主轴速度到达	SARA	F45.3
第 1 串行主轴定向完成	ORARA	F45.7
第 1 串行主轴编码器零位	PC1DTA	F47.0
绝对式编码器电池电压为零报警	PBATZ	F172.6
绝对式编码器电池电压低报警	PBATL	F172.7

注：助记符中带“*”标记的信号表示低电平有效，称为负逻辑信号。通常停止类需保护的信号都是负逻辑。

更多 PMC 信号地址查询请查阅 FANUC 连接说明书（功能篇）B-64303 或 FANUC 维修说明书 B-64303。

附录 D　FANUC 数控系统常见 PMC 报警表

报警信息	含义及处理方法
ALARM NOTHING （无报警）	正常状态
ER02 PROGRAM SIZE OVER （程序容量过大）	顺序程序的容量超过了最大值。请减小顺序程序的容量
ER03 PROGRAM SIZE ERROR（OPTION） （程序容量超过选项规格）	顺序程序的容量超过了选项规格容量。请增加选项规格容量或减小顺序程序的容量
ER04 PMC TYPE UNMATCH （PMC 类型不匹配）	顺序程序的 PMC 型号设定与实际型号不对应。请通过离线编辑器改变 PMC 型号设定
ER05 PMC MODULE NOTHING （没有 PMC 模块）	PMC 模块类型不正确。请将其更换为正确模块
ER07 NO OPTION（LADDER STEP） （没有步号选项）	LADDER 中没有步号选项。请重新输入备份的 CNC 参数，或者和 FANUC 联系指定一个足够容量的梯形图选项
ER08 OBJECT UNMATCH （目标不匹配）	在顺序程序中使用了系统未支持的功能。请和 FANUC 联系
ER09 PMC LABEL CHECK ERROR PLEASE TURN ON POWER AGAIN WITH PUSH ‘O’ & ‘Z’.（CLEAR PMC SRAM） （PMC 标签检查错误）	在更换 PMC 类型时，PMC 的保持型存储器必须重新初始化。请在按住“O”和“Z”的情况下重新开机，或者更换电池，或者更换主印制电路板
ER17 PROGRAM PARITY （程序奇偶校验错误）	顺序程序的奇偶校验有问题。请重新输入顺序程序
ER18 PROGRAM DATA ERROR BY I/O （程序数据传送错误）	由离线编程器传送顺序程序被断电所打断。请清除顺序程序，并重新传送顺序程序
ER19 LADDER DATA ERROR （梯形图数据错误）	LADDER 的编辑被断电或功能键切换 CNC 屏幕被打断，或无结束指令（END1、END2）。请将 PMC 中的梯形图编辑一次或重新输入一次
ER20 SYMBOL/COMMENT DATA ERROR （助记符和注解数据错误）	助记符和注解的编辑被断电或功能键切换 CNC 屏幕被打断。请将 PMC 中的助记符和注解编辑一次或重新输入一次
ER21 MESSAGE DATA ERROR （信息数据错误）	信息数据的编辑被断电或功能键切换 CNC 屏幕被打断。请将 PMC 中的信息数据编辑一次或重新输入一次
ER22 PROGRAM NOTHING （无程序）	没有顺序程序，或梯形图被删除
ER23 PLEASE TURN OFF POWER （请关机）	在设定 LADDER MAX AREA SIZE（梯形图最大区域）中有改变。请重新启动系统使改动生效
ER32 NO I/O DEVICE （无 I/O 设备）	未连接任何 DI/DO 单元。当连接内部 I/O 卡时，此信息不显示。使用内部 I/O 卡时，请确认是否连接上，或确认 DC 24V 电源是否正常

（续）

报警信息	含义及处理方法
ER33 SLC ERROR （SLC 错误）	I/O LINK 的 LSI 有错误。请更换 PMC 模块
ER34 SLC ERROR（xx） ［SLC 错误（xx）］	与 xx 组的 DI/DO 单元的通信失败。请确认与 xx 组 DI/DO 单元的电缆连接，请确认 DI/DO 是否早于 CNC 和 PMC 通电，或者更换 xx 组 DI/DO 单元的 PMC 模块
ER35 TOO MUCH OUTPUT DATA IN GROUP（xx） （xx 组的输出数据的数量超出了最大值）	xx 组的输出数据的数量超出了最大值，超出 32 字节的数据无效。请查看下列手册中关于数据数的内容“FANUC I/O Unit-MODEL A connecting and maintenance manual” “FANUC I/O Unit-MODEL B connecting manual”
ER36 TOO MUCH INPUT DATA IN GROUP（xx） （xx 组的输入数据的数量超出了最大值）	xx 组的输入数据的数量超出了最大值，超出 32 字节的数据无效。请查看下列手册中关于数据数量的内容“FANUC I/O Unit-MODEL A connecting and maintenance manual”“FANUC I/O Unit-MODEL B connecting manual”
ER38 MAX SETTING OUTPUT DATA OVER（xx） （一组中的输出分配数据超过最大值）	一组中的分配数据超过了 128 字节。请将每组输出数据的分配数据减少到 128 字节或更少
ER39 MAX SETTING INPUT DATA OVER（xx） （一组中的输入分配数据超过最大值）	一组中的分配数据超过了 128 字节。请将每组输入数据的分配数据减少到 128 字节或更少
ER97 IO LINK FAILURE （I/O LINK 无效）	根据 I/O 模块的分配，以及 I/O LINK 分配选择功能的参数而设定的 I/O 设备的台数和实际与 CNC 连接的 I/O 设备的连接台数不同时，发生本报警。请检查 I/O 模块的分配（如分配未生效），以及硬件连接（如 CB104 等接口电缆连接有误）。梯形图程序运行与此报警无关，但如果 PMC 程序被全清，则也会出现该报警
WN09 SEQUENCE PROGRAM IS NOT WRITTEN TO FLASH ROM （顺序程序没有写入 F ROM）	在梯形图编辑画面和数据输入/输出画面上改变了顺序程序，但是尚未将变更后的顺序程序写入闪存 ROM 中，在下次通电时，变更后的顺序程序将会丢失
LADDER PROGRAM IS BROKEN （梯形图程序被破坏）	某些原因造成梯形图损坏，必须清除梯形图，并重新创建一个新的梯形图

附录E　伺服报警诊断与故障排除汇总

1. SV0401：伺服准备就绪信号断开

报警原因：伺服放大器伺服准备就绪信号（VRDY）尚未被置于 ON 时，或在运行过程中被置于 OFF 时发生此报警。

排查思路：

1）排查诊断号 358。

例如：诊断 358=1441，转换为二进制为 10110100001，从第 5 位开始排查，第 6 位为 0，确认首先应排查急停相关接线等。

2）若伺服放大器或者轴卡硬件损坏，则更换硬件。

2. SV0403 硬件/软件不匹配

报警原因：轴卡与伺服软件组合不正确，可能的原因有：

1）没有提供正确的轴卡。

2）闪存中没有安装正确的伺服软件。

排查思路：当软件或硬件异常时，请直接联系 FANUC 公司维修部门。

3. SV404 伺服准备就绪信号接通

报警原因：伺服放大器的伺服准备就绪信号（VRDY）一直为 ON 时发生此报警。

排查思路：

1）某些特殊情况可以使用参数 P1800#1=1 进行屏蔽。

2）若因放大器或者轴卡损坏引起，则更换放大器与轴卡。

4. SV0409 检查的扭矩异常

报警原因：系统开启异常扭矩负载功能之后，检测到异常负载导致。

排查思路：

1）如果不使用异常负载检测功能，请设定参数 P2016#0=0。

2）如果使用异常负载检测功能，请确认是否存在异常负载现象，例如机械异常卡住，或者异常加工状态。

3）如果使用异常负载检测功能，同时加工状态正常，请重新调整该功能的相关参数。

5. SV0410 停止时误差过大

报警原因：伺服轴停止时误差过大引起报警。

排查思路：

1）排查动力线、反馈线是否接错。

2）排查伺服电动机初始化参数是否有误。

3）正确设定不同状态下伺服轴停止时误差报警水平参数“P1829”“P5312”等。

4）如果伺服电动机使用过程中出现抖动等现象，请先排查抖动问题，“SV0410”为附加报警。

5）在 Cs 轴控制时出现此问题，请检查主轴编码器相关参数。

6. SV0411 运动时误差过大

报警原因：伺服轴运动时误差过大引起报警。

排查思路：

1）排查动力线、反馈线是否接错。

2）排查伺服电动机初始化参数是否有误。

3）正确设定不同状态下伺服轴停止时误差报警水平参数“P1828”“P5310”等。

4）如果伺服电动机使用过程中出现抖动等现象，请先排查抖动问题，“SV0410”为附加报警。

5）在 Cs 轴控制时出现此问题，请检查主轴编码器相关参数。

7. SV0413 轴 LSI 溢出

报警原因：位置偏差量计数器溢出，超出寄存器范围-231~231。在正常的情况下，指令值和反馈值基本相同，误差寄存器中的数值由指令值和反馈值相减产生，接近于零。但是如果指令值和反馈值的方向相反或者只有指令/反馈一端不断产生变化，就会造成误差寄存器中的数值越来越大，直到超出范围，发生报警。

排查思路：

此问题常见于齿轮机床和 CF 轴立式车床上。

1）如果机床正常运行，存在指令和反馈，反馈距离正常确认为指令和反馈方向相反造成，此时请切换 3706#6#7，切换 M03、M04 和 G70.5、G70.4，或者尝试改变编程方式。

2）如果机床存在只有指令输出，无实际反馈的情况，请确认机床运行状态、功能或者外围硬件。

3）如果机床存在有反馈，无指令的情况，例如立车 CF 轴控制方式，请使用控制轴拆除功能。

8. SV0415 移动量过大

报警原因：指定了超过移动速度限制的速度。

排查思路：

降低指令速度。2FSC+PMC+CS 控制方式下的齿轮加工可以尝试以下方案。

1）修改参数 P2068=0。

2）修改参数 P8003#3=1。

3）根据实际情况设定参数“P8005#4”“P8007#2”。

9. SV0417 伺服非法 DGTL 参数

报警原因：用于数字伺服的参数设定值异常。

排查思路：参看诊断 N203#4。

1）诊断 N203#4=0。

通过 CNC 软件检测出了参数非法。可能是因为下列原因所致（见诊断信息“NO.280”）。

① 参数“NO.2020”的电动机型号设定了指定范围外的数值。

② 参数“NO.2022”的电动机旋转方向中尚未设定正确的数值（111 或-111）。

③ 参数“NO.2023”的电动机每转的速度反馈脉冲数设定了 0 以下等错误数值。

④ 参数“NO.2024”的电动机每转的位置反馈脉冲数设定了 0 以下等错误数值。

2）诊断 N203#4=1。

参看诊断 N352 中的具体数值，对照表格查找问题，具体表格请详见 FANUC 维修说明书。

10. SV0420 同步转矩差太大

报警原因：在进给轴同步控制的同步运行中，主轴和从轴的扭矩差超出设定值。

排查思路：

1）确认是否扭矩差太大，查找机械主/从轴扭矩平衡位置等。

2）确认两轴参数设定是否正确，如轴初始化参数等。

3）修改报警阈值，即参数“P2031”。

11. SV0421 超差（半闭环）

报警原因：全闭环反馈数据和半闭环计算数据超过参数“P2118”设定值。

排查思路：

1）排查柔性齿轮比以及双位置反馈变换系数设定是否正确。

2）修改光栅尺检测方向，即参数“P2018#0”。

3）检查是否存在硬件安装不当或硬件损坏情况。

12. SV0422 转矩控制超速

报警原因：超出了扭矩控制中指定的允许速度。

排查思路：请排查扭矩控制指令中的扭矩设定值和速度极限值。

13. SV0423 转矩控制误差太大

报警原因：在扭矩控制中，超出了作为参数设定的允许移动积累值。

排查思路：

1）屏蔽此报警，设定 P1803#4 = 0，P1805#1 = 1。

2）调整误差阈值参数“P1885”。

3）排查实际情况，减小误差。

14. SV0430 伺服电动机过热

报警原因：该报警是编码器中的温度检测元件进行了温度检测，当电动机温度过高时会出现报警。

排查思路：

1）排查参数问题，请重新对伺服电动机进行初始化，最好对照参数列表进行仔细确认。

2）查看诊断 NO. 308，实际温度是否过高可以利用手触摸等方式排查，如果实际温度不高请排查硬件。

3）如果实际温度基本符合诊断数据，请排查电动机温度过高原因。

检查硬件时，可通过替换编码器、电动机、反馈线缆和放大器的方式进行排查。

4）短时间内可以通过参数“P2300#7”屏蔽报警。

15. SV431 变频器回路正常

报警原因：伺服放大器或者共同电源过热导致报警。

排查思路：

1）请排查放大器接线，特别是模拟伺服适配器使用中，ALM 信号需要接 0。

2）排查电动机参数。

3）更换放大器。

16. SV0432 变频器控制电压低

报警原因：伺服放大器或者共同电源电压下降。

排查思路：

1）排查放大器短接线是否存在虚接。

2）排查放大器进电电压是否符合要求。

3）排查开关电源、变压器等电流是否足够。

4）更换放大器。

17. SV0433 变频器 DC LINK 电压低

报警原因：伺服放大器或者共同电源电压下降。

排查思路：

1）测量强电实际电压情况是否低于强电要求电压范围。

2）检测是否存在急停断开却因断路器、接触器等异常导致强电未接通。

3）可能跟随“SV0364”等报警出现，解决其他报警则问题解除。

18. SV0434 逆变器控制电压低

报警原因：放大器控制电源电压低于要求。

排查思路：测量控制电源电压，排查外围控制电路拉低电压的原因。

19. SV0435 逆变器 DC LINK 低电压

报警原因：伺服放大器 DC LINK 电压下降。

排查思路：

1）首先排查放大器上各接线针脚是否接错，线缆是否良好。

2）排查放大器本身问题。

20. SV0436 软过热继电器报警（OVC）

报警原因：系统内部计算电动机使用情况超过当前负载所能连续使用的时间，系统为防止电动机损坏的保护性报警。

排查思路：

1）排查电动机固有参数。

2）排查电动机抱闸线圈是否打开。

3）排查电动机动力线与反馈线。

4）加大参数“P1620”“P1621”等时间常数。

5）调整机械或者计算电动机大小，排查负载过大原因。

21. SV0437 变频器输入回路过电流

报警原因：共同电源存在过电流流入输入电路现象。

排查思路：

1）重新插拔放大器侧板。

2）更换放大器侧板。

22. SV0438 逆变器电流异常

报警原因：电动机电流过大。

排查思路：

1）异常加工状态可能出现此报警，排除异常状态，关机重启。

2）排查强电电压是否超出放大器规格范围。

3）电动机动力线相序以及线缆存在问题。

4）排查实际电流情况，使用 SERVO GUIDE 软件检测报警电动机 IEFF 曲线数值。

5）设定参数“P2209#4”。

23. SV0439 变频器 DC LINK 电压过高

报警原因：伺服放大器或者共同电源电压过高。

排查思路：

1）请排查放大器强电电压。

2）重新插拔放大器侧板。

3）更换放大器。

24. SV0440 变频器减速功率太大

报警原因：共同电源或者伺服放大器再生放电量过大，再生放电电路异常。

排查思路：

1）当未配置再生电阻时，请短接 CXA20 的 1、2 脚，CZ6 的 RC 和 RI。

2）当未配置再生电阻，同时 1）中已经短接并确定使用正常时，请降低移动速度暂时使用，并与 FANUC 公司联系，配置放电电阻后方可正常使用。

3）当配置了再生放电电阻时，请检查放电电阻接线（CXA20，CZ6）。

4）当配置了再生放电电阻，并确认接线正常时，请联系 FANUC 公司，确认放电电阻是否足够。

25. SV441 异常电流偏移

报警原因：数字伺服软件在电动机电流的检测电路中检测到异常。

排查思路：放大器硬件损坏，请联系 FANUC 公司维修部门。

26. SV0442 变频器中 DC LINK 充电异常

报警原因：DC LINK 的备用放电电路异常。

排查思路：

1）首先确认急停打开之后，强电必须马上提供给放大器，并且电压足够。

2）确认 CX48 相序是否与放大器强电一致。

3）检查与电源相关的其他接线是否存在问题。

4）更换放大器进行排查。

27. SV0443 变频器冷却风扇故障

报警原因：放大器内部搅动风扇故障。

排查思路：

1）如果没有安装放大器内部冷却风扇，请安装。

2）如果内部风扇故障请联系 FANUC 公司维修部门。

28. SV0444 逆变器冷却风扇故障

报警原因：伺服放大器内部搅动用风扇的故障。

排查思路：请联系 FANUC 公司维修部门更换风扇。

29. SV0445 软断线报警

报警原因：数字伺服软件检测到脉冲编码器断线。

排查思路：

1）排查参数，设定 P2003=1，P2064=256。

2）如果 1）中设定依然无效，请排查硬件反馈线是否断线或者受到电磁干扰。

3）排查全闭环编码器是否损坏或者安装存在问题。

30. SV0446 硬断线报警

报警原因：通过硬件检测到内装脉冲编码器断线。

排查思路：

1）排查电动机反馈线是否断线。

2）排查第三方全闭环编码器是否损坏或者安装存在问题。

31. SV0447 硬断线（外置）

报警原因：通过硬件检测到外置检测器断线。

排查思路：

1）排查参数，设定 P2003=1，P2064=256。

2）如果 1）中设定依然无效，请排查硬件反馈线是否断线或者受到电磁干扰。

3）排查全闭环编码器是否损坏或者安装存在问题。

32. SV0448 反馈不一致报警

报警原因：从内装脉冲编码器反馈的数据符号与外置检测器反馈的数据符号相反。

排查思路：

1）切换参数“P2018#0”的设定。

2）排查第三方编码器是否受到强磁干扰。

33. SV0449 逆变器 IPM 报警

报警原因：伺服放大器 IPM（智能功率模块）检测到报警。

排查思路：

1）如果偶发，请排查放大器接线是否虚接。

2）放大器 IPM 模块损坏请联系 FANUC 公司维修部门。

34. SV0460 FSSB 断线

报警原因：FSSB 通信脱开。

排查思路：

1）排查 FSSB 通信电缆光缆是否存在损坏、虚接及断线等。

2）查看放大器控制电源情况。

3）此报警可能是其他放大器报警附带报警（低压报警等），请先解决其他放大器报警。

35. SV0462 CNC 数据传输错误

报警原因：因为 FSSB 传输错误，从控制装置上接收不到数据。

排查思路：

1）排查 FSSB 通信电缆光缆是否存在损坏、虚接及断线等。

2）重新插拔放大器控制板。

3）更换放大器。

36. SV0463 送从属器数据错误

报警原因：由于 FSSB 通信错误，伺服软件一侧未能接收正确数据。

排查思路：

1）排查 FSSB 参数设定。

2）参考 SV0462 排查思路排查。

37. SV0465 读 ID 数据失败

报警原因：接通电源时，不能读放大器的 ID 信息。

排查思路：

1）重新插拔放大器控制板。

2）检查上电顺序是否正确。

3）联系 FANUC 公司维修部门。

38. SV0466 电动机/放大器组合不对

报警原因：放大器的最大电流值与电动机的最大电流值不匹配。

排查思路：

1）确认 FSSB 连接顺序，排查参数设定与实际连接顺序是否一致。

2）排查电动机代码是否正确。

3）利用电动机参数列表排查电动机代码初始化是否正确。

4）排查参数“P2165”与实际放大器是否相符合。

39. SV0468 高速 HRV 设定错误（AMP）

报警原因：针对不能使用高速 HRV 控制的放大器控制轴，进行了使用高速 HRV 控制时的设定。

排查思路：

1）确认电动机以及放大器型号、订货号，确认可以使用的 HRV 等级。

2）如果现阶段使用 HRV 等级高于配置，请修改 HRV 的参数设定，降低 HRV 等级。

3）如果现阶段使用 HRV 等级不高于配置，请排查 HRV 其他相关参数设定。

参 考 文 献

[1] 关薇．数控机床装调与维修（FANUC 0i D/Mate D 系统）[M]．北京：北京交通大学出版社，2013.
[2] 刘江，卢鹏程，许朝山．FANUC 数控系统 PMC 编程 [M]．北京：高等教育出版社，2011.
[3] 黄文广，邵泽强，韩亚兰．FANUC 数控系统连接与调试 [M]．北京：高等教育出版社，2011.
[4] 李宏胜，朱强，曹锦江．FANUC 数控系统维护与维修 [M]．北京：高等教育出版社，2011.
[5] 周兰，陈少艾．数控系统连接调试与 PMC 编程 [M]．北京：机械工业出版社，2017.
[6] 宋松，李兵．FANUC 0i 数控系统连接调试与维修诊断 [M]．北京：化学工业出版社，2010.